（活页式教材）

主编　李婷婷　江　鹏　张作涛

U0821326

正常人体结构与功能

苏州大学出版社
Soochow University Press

图书在版编目（CIP）数据

正常人体结构与功能：活页式教材 / 李婷婷，江鹏，张作涛主编 . —苏州：苏州大学出版社，2024.5（2025.8重印）

ISBN 978-7-5672-4393-4

Ⅰ. ①正… Ⅱ. ①李… ②江… ③张… Ⅲ. ①人体结构—教材 Ⅳ. ① Q983

中国国家版本馆 CIP 数据核字（2024）第 065669 号

书　　名：正常人体结构与功能（活页式教材）

主　　编：李婷婷　江　鹏　张作涛
责任编辑：赵晓嬿
装帧设计：吴　钰

出版发行：苏州大学出版社（Soochow University Press）
社　　址：苏州市十梓街 1 号　　邮编：215006
网　　址：www.sudapress.com
E-mail：sdcbs@suda.edu.cn
印　　装：苏州市古得堡数码印刷有限公司
邮购热线：0512-67480030　　销售热线：0512-67481020
网店地址：https://szdxcbs.tmall.com/（天猫旗舰店）

开　　本：787 mm × 1092 mm　1/16　　印张：14.5　　字数：343 千
版　　次：2024 年 5 月第 1 版
印　　次：2025 年 8 月第 2 次印刷
书　　号：ISBN 978-7-5672-4393-4
定　　价：68.00 元

凡购本社图书发现印装错误，请与本社联系调换。服务热线：0512-67481020

本书编写组

主　审　刘　焰（贵州工商职业学院）

罗亚非（贵州中医药大学）

主　编　李婷婷（贵州工商职业学院）

江　鹏（贵州工商职业学院）

张作涛（贵州中医药大学）

副主编　刘　利（贵州工商职业学院）

韩　伟（贵阳市第一人民医院）

陈永华（贵州省第二人民医院）

编　委　何　跃（贵州工商职业学院）

梁　霓（贵州工商职业学院）

熊阳阳（贵阳市第一人民医院）

陈国彦（贵州中医药大学第二附属医院）

张　毅（威宁县人民医院）

刘玉芳（贵州工商职业学院）

夏晓婷（贵州工商职业学院）

袁　凤（贵州工商职业学院）

吴含飞（贵州工商职业学院）

前言

PREFACE

2019 年 1 月，国务院发布《国家职业教育改革实施方案》，提出建设一批校企“双元”开发的国家规划教材，倡导使用新型活页式、工作手册式教材。高等职业教育重在培养应用型人才，岗位的核心技能才是培养的重点。本书编者遵循 OBE 教育理念，以岗位需求为教学内容导向，通过抽样调查和随机访问的形式对临床一线护理、康复等岗位工作者，以及在校大健康专业群高年级学生进行了调查，了解护理、助产、康复等岗位的工作需求，结合护士执业资格考试、康复医学治疗技术（士）等相关考试大纲的要求，重点介绍人体九大系统重要器官的形态特点和生理功能、人体重要组成物质的代谢特点和人体胚胎发育的过程。全书坚持“以学生学习为中心”，图文并茂、通俗易懂、科学实用。

本教材的特点如下：

1. 教材坚持运用 OBE 教育理念，以适应模块化教学需要为原则。本教材坚持以知识应用为主线，不强调理论知识系统性和完整性，而强调学习过程的完整性。本书根据临床科室的划分将教学内容分为 13 个项目，每个项目细分出学习任务，任务中通过引导问题引导学生达成学习目标，通过子任务的分解将形态结构的认知与生理功能的探究进行联系，培养学生整体与局部相联系、形态与功能相结合的学科思维，使学生成为学习活动的主人。

2. 教材充分考虑高职教育的特点，将专业入门学科的内容有机整合在一起。本教材打破了传统的系统解剖学、组织胚胎学、生理学、生物化学的学科体系，将上述学科的知识进行整体优化，将各系统器官的大体形态、组织结构和功能衔接在一起，突出整体性，淡化学科之间的界限，将上述学科的知识真正有机融合在一起，这样既避免知识的重复和遗漏，节约课时，又可以培养学生的逻辑思维和分析问题的能力。

3. 教材内容严格按照“必需、够用”原则编写。本教材的编写一方面紧密联系大健康相关工作岗位的实际需要和后续专业核心课程的学习需求，同时结合护士执业资格考试、康复医学治疗技术（士）等相关考试大纲的要求，做到核心知识点、常考点全覆盖；另一方面重实用，以够用为原则，突出内容的实用性，坚持以满足职业岗位需要为度。

本教材编写过程中，参考了高职高专同类教材，在此致以感谢！参编人员均为高职一线教师和临床一线工作者，由于时间紧加之编写水平有限，书中难免有错误和不妥之处，衷心希望广大读者提出宝贵意见。

目录
CONTENTS

项目一
绪论

人体解剖学是研究正常人体形态结构的科学，属于生物科学中的形态学的范畴，是医学科学中一门重要的医学基础课程。生理学是研究生物机体正常生命活动，如消化、呼吸、肌肉运动、血液循环等规律的科学，它以生物机体的功能为研究对象，研究这些生理功能的发生机制及机体内环境中各种变化对这些功能的影响，从而掌握各种生理变化的规律。

人体形态与功能是形态学和功能学相融合的学科，只有掌握了人体形态和功能，才能判断正常和异常，区分生理和病理，从而对疾病进行诊断治疗。学习人体形态与功能的知识是为学习其他基础医学和临床医学课程奠定必要的基础。

学习目标

学生通过学习达成以下目标：

素质目标	1. 培养自学、综合分析的能力； 2. 具备一定的发现和提出问题的能力、运用所学课程知识和思想方法分析和解决问题的能力。
知识目标	1. 掌握生命活动的基本特征； 2. 机体内环境和稳态的概念及生理意义； 3. 人体功能的调节方式； 4. 熟悉人体解剖学常用方位术语； 5. 了解人体功能调节的反馈控制。
能力目标	1. 演示标准解剖学姿势； 2. 交流兴奋性与阈值的关系； 3. 联系内环境稳态与人体功能调节的关系。

任务一　正确运用解剖学方位术语

一、学习情景

为了正确描述人体结构的形态、位置以及它们之间的相互关系，必须制定公认的统一标准，即解剖学姿势和方位术语，初学者必须准确掌握这项基本知识，以利于学习、交流而避免误解。

二、学习目标

1. 演示标准解剖学姿势；

2. 描述解剖常用方位术语；
3. 识别矢状面、冠状面和水平面。

三、任务实施

运用解剖学常用方位术语对人体进行描述。

子任务1：认识标准解剖学姿势。

引导问题：人体________，两眼平视________，上肢自然________于躯干两侧，掌心________，两足并拢，足尖________。

解剖学常用方位术语

子任务2：根据图形判断解剖学常用方位术语。

引导问题1：根据解剖学常用方位术语将思维导图补充完整。

- 方位术语
  - 上：近颅　下：　前：　后：
  - 上肢 — 内：　外：
  - 下肢 — 内：　外：

引导问题2：请根据提供的图片（图1-1-1）任选标注上和下、前和后、内和外、浅和深、近侧和远侧。

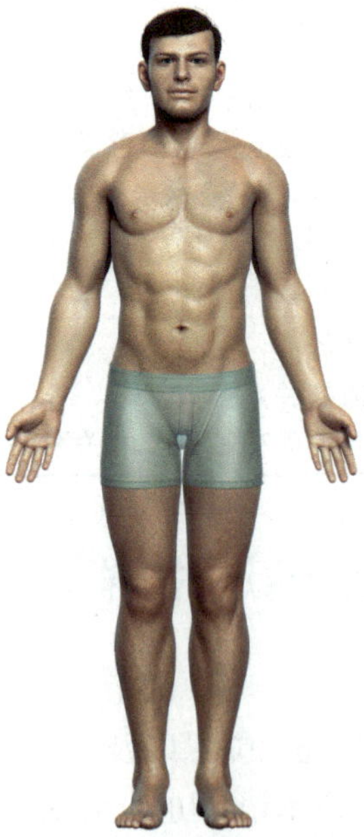

图1-1-1　标准解剖学姿势

轴和面

子任务3：根据图形认识轴和面。

引导问题1：请根据提供的图片（图1-1-2）标注出垂直轴、矢状轴、冠状轴。

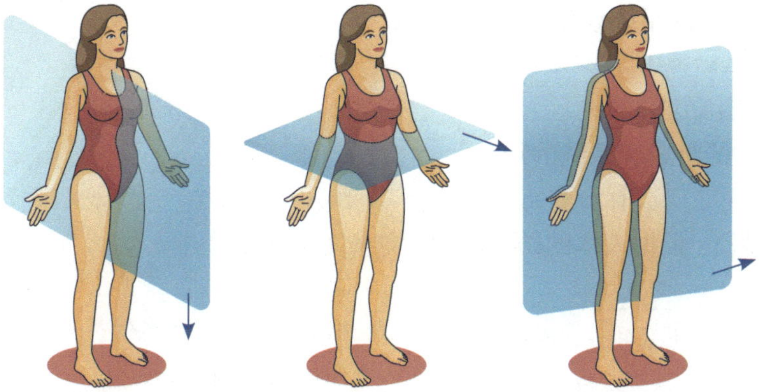

(　　)　　(　　)　　(　　)

图 1-1-2　人体的轴

引导问题 2：请根据提供的图片（图 1-1-3）标注出矢状面、冠状面和水平面。

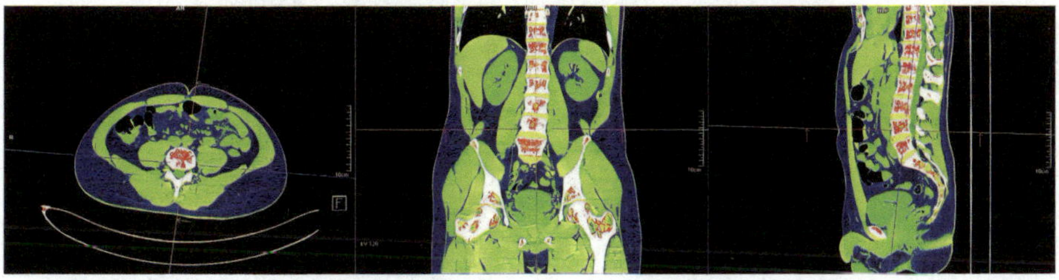

(　　)　　(　　)　　(　　)

图 1-1-3　人体的面

四、知识检测

检测试题　　参考答案

任务二　认识人体的组成和系统的划分

一、学习情景

生物可以根据构成的细胞数目分为单细胞生物和多细胞生物。地球上最早的生命在距今 41 亿年前至 35 亿年前形成，原核生物是最原始的生物，如蓝绿藻是在温暖的水中形成的。那生物为什么会由单细胞向多细胞进化呢？

二、学习目标

1. 描述人体的细胞、组织、器官和系统之间的关系；

2. 阐述人体的系统划分。

三、任务实施

阐述人体的组成和系统的划分。

子任务1：认识人体的组成。

人体的组成

引导问题1：根据人体的结构层次，完善图1-2-1。

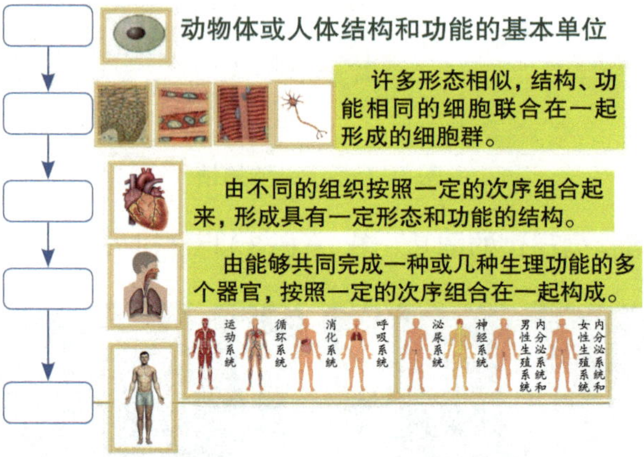

图1-2-1　人体的结构层次

引导问题2：认识人体的基本组织，并在下图中标注出对应的基本组织。

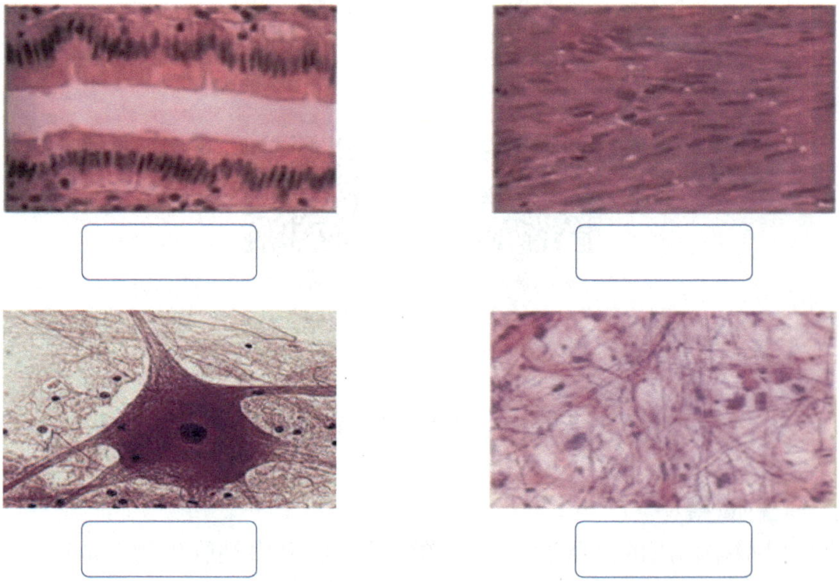

图1-2-2　人体的基本组织

子任务2：认识人体系统的划分。

引导问题1：人体的九大系统分别是________、________、________、________、生殖系统、________、________、________和________。

引导问题 2：请在图 1－2－3 中标注出九大系统的对应位置。

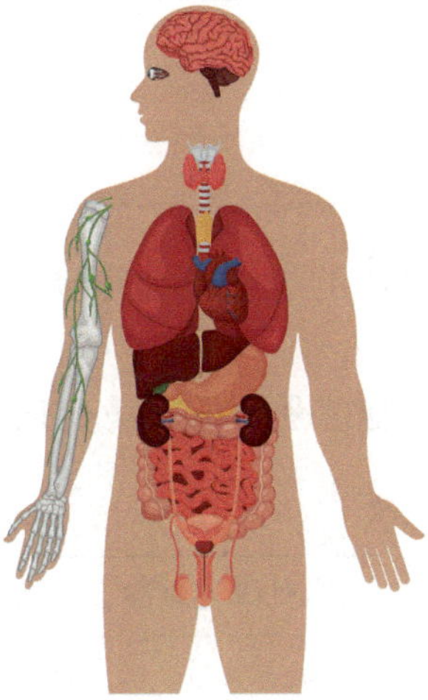

图 1－2－3　人体的系统

四、知识检测

检测试题　　参考答案

任务三　分析生命的基本特征

一、学习情景

生物是指自然界中具有生命的物体，如人、狗、树、花、草、蚯蚓、细菌等都是生物。非生物是指自然界中没有生命的物体，如自然界中存在的沙、石、泥、水以及人工制成的汽车、电视机等都是非生物。那么，生物和非生物是如何区别的？

二、学习目标

1. 描述生命活动的基本特征；
2. 分析兴奋性与阈值的关系。

三、任务实施

分析新陈代谢、兴奋性对生命活动的意义。

任务：认识生命的基本特征。

引导问题 1：有无生命活动的基本特征是生物体与非生物体之间最本质的区别，生物体生命活动的基本特征是________、________、________和________。

生命基本特征：新陈代谢

生命基本特征：兴奋性

引导问题 2：总结新陈代谢，完成下列表格。

新陈代谢	定义	
	组成	
	意义	

引导问题 3：兴奋性是指机体的组织或细胞接受刺激后发生反应的________或________。

引导问题 4：能被组织或细胞感受到的环境变化，称为刺激。按照其性质划分，完成下列表格。

刺激分类	物理性刺激	化学性刺激	社会心理性刺激	生物性刺激
举例				

引导问题 5：引起机体产生反应的刺激条件有哪些？

____

____

引导问题 6：根据刺激引起机体反应，完成下列内容。

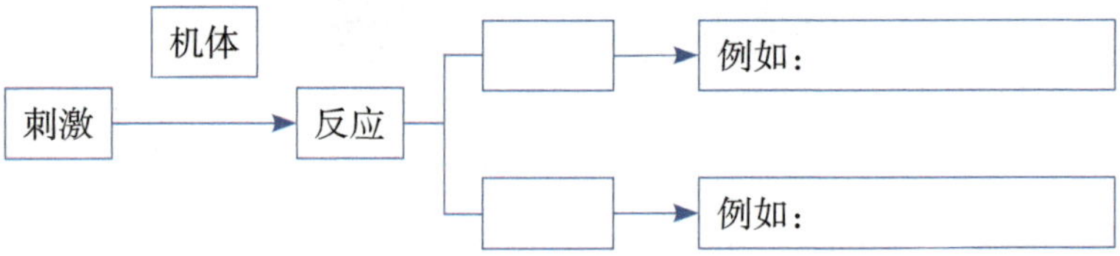

进阶任务

用本课的学习内容解释临床上护理人员为成人患者进行肌内注射或皮下注射时，为什么遵循“两快一慢”的原则？

____

____

引导问题 7：总结刺激与反应，完善下列表格。

刺激与反应	刺激的定义	
	反应的定义	
	反应的形式	
	刺激三要素	

引导问题 8：能引起机体或组织细胞产生反应的最小刺激强度称为阈强度，又称为________。

引导问题 9：阈值是衡量组织兴奋性的指标，思考刺激强度与阈值的关系（大于、小于或等于）。

阈刺激：刺激强度（　　）阈值
阈上刺激：刺激强度（　　）阈值
阈下刺激：刺激强度（　　）阈值

引导问题 10：思考阈值与兴奋性的关系，并举例说明。

____

____

兴奋性与阈值

生命基本特征：适应性、生殖

四、知识检测

检测试题　　参考答案

任务四　认识内环境

一、学习情景

人体体温在下午都比早晨高，一般波动不超过 1 ℃，在剧烈运动、劳动以及进餐以后，体温也可以暂时升高，月经期和妊娠期体温也可以高出正常，但这些情况下体温为什么会波动？我们的身体此时发生了哪些变化？

二、学习目标

1. 记忆内环境和稳态的概念；
2. 分析内环境和稳态的生理意义。

三、任务实施

分析内环境及其稳态。

子任务 1：认识内环境。

引导问题 1：机体中的液体称为________，正常成年人体液约占体重的________，其中 2/3 分布在细胞内，称为________，1/3 分布在细胞外，称为________（包括组织液、血浆、淋巴等）。细胞外液就是细胞直接生活的环境，称为________。

引导问题 2：根据内环境和组织液、血浆、淋巴之间的关系，完善下图。

人体的内环境

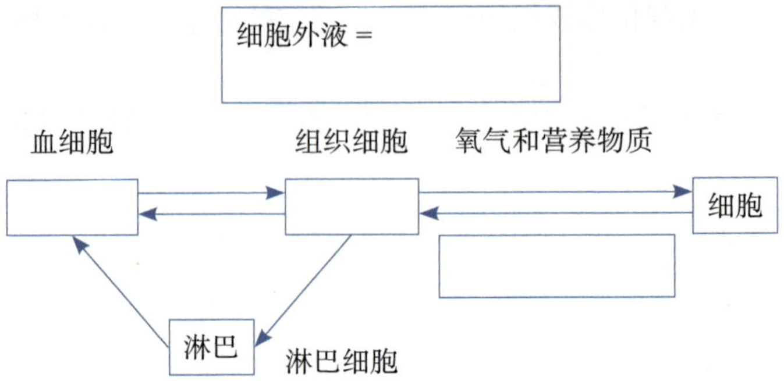

内环境与稳态

子任务 2：认识内环境的稳态。

引导问题 1：根据内环境的稳态，完成下列表格。

内环境的稳态	定义	
	意义	
	实现	

引导问题 2：根据内环境稳态失调引起的常见疾病，完善下图。

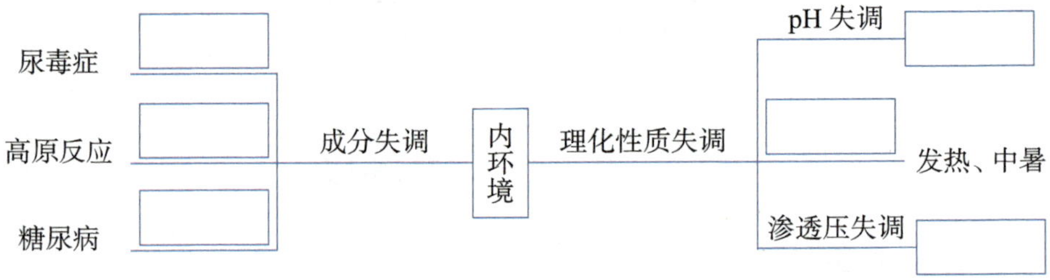

内环境稳态的意义

进阶任务

剧烈运动后，运动员会出现肌肉酸痛，但内环境中的酸碱度却能保持相对稳定，请解释上述现象出现的原因。

____

____

四、知识检测

检测试题

参考答案

任务五　分析人体功能的调节方式

一、学习情景

我们的手如果被尖锐的物体扎了一下，或者不小心被烫了一下，此时我们是先感觉到疼痛还是先把手缩回来？为什么？这种反应与神经系统有什么关系，是如何完成的？

二、学习目标

1. 描述人体功能的调节方式；
2. 比较神经调节和体液调节；
3. 分析人体功能调节的反馈。

三、任务实施

分析人体功能调节的方式及特点。

子任务 1：认识人体功能调节方式。

引导问题 1：人体功能的调节方式主要有________、________、________。

引导问题 2：完成神经调节的结构基础——反射弧。

人体功能调节

子任务 2：人体功能调节方式的特点。

引导问题 1：完成人体生理功能调节的主要方式和区别。

	神经调节	体液调节	自身调节
调节方式			
调节特点			
生理意义			

神经调节和体液调节

引导问题 2：完成非条件反射和条件反射的比较。

	非条件反射	条件反射
形成		
刺激		
生理意义		
举例		

子任务 3：认识自动控制系统。

引导问题 1：反馈是________反过来调节________的过程。

反馈

引导问题 2：完成正反馈和负反馈的区别。

	正反馈	负反馈
概念		
意义		
举例		

四、知识检测

检测试题　　参考答案

项目二
细胞与组织

细胞是构成生物体的基本单位，同时也是维持生命现象的最小结构和功能单位。只要条件完备，细胞便能持续发挥功能，以及进行增殖，但若是再细分成更小的单位，细胞便会失去功能。人体有200～300种不同的细胞。人体有4种组织，即上皮组织、结缔组织、肌组织和神经组织，它们是由许多形态相似、功能相近的细胞和细胞间质组合在一起形成的。

学习目标

学生通过学习达成以下目标：

素质目标	1. 培养自学、观察、综合判断的能力； 2. 初步培养学生与同伴合作交流的意识和能力。
知识目标	1. 掌握细胞的基本结构； 2. 掌握疏松结缔组织的组成成分、肌组织的分类和神经组织的组成成分； 3. 掌握上皮组织的特征、分类与各种被覆上皮组织的分布及其生理意义； 4. 熟悉突触的结构组成。
能力目标	1. 分析细胞跨膜转运的主要方式； 2. 阐述上皮组织的分布及功能； 3. 辨别四大基本组织的结构特点； 4. 辨别突触的形态结构。

任务一　认识细胞的基本结构

一、学习情景

张某某，男，15岁，6个月前右肩部不明原因出现肿物，进行性增大，无特殊症状。入院就诊，经细胞学检查初步诊断为横纹肌肉瘤，组织切片检查显示：组织细胞结构发生改变。

请思考：正常细胞含有哪些基本结构？

二、学习目标

1. 描述细胞的基本结构；
2. 阐述细胞器的生理功能。

三、任务实施

阐述细胞的基本结构及各细胞器的生理功能。

细胞结构

子任务 1：认识细胞的基本结构。

引导问题：绘制细胞的基本结构示意图，并标注出细胞膜、细胞质和细胞核。

绘制区域

细胞膜结构和主要功能

子任务 2：认识细胞膜的结构和主要功能。

引导问题 1：请在图 2-1-1 中标注磷脂双分子层、蛋白质。

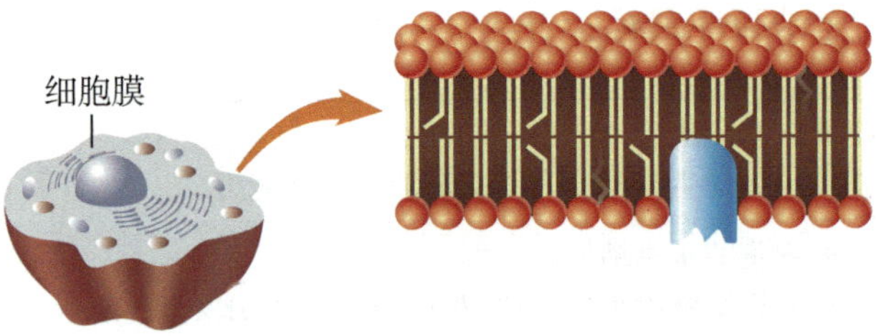

图 2-1-1　细胞膜的结构模式图

引导问题 2：简述细胞膜的三种主要功能。

____

____

细胞器的组成

子任务 3：认识细胞质的组成及细胞器的主要组成。

引导问题 1：细胞质位于细胞膜和细胞核之间，由______、______和______组成。

引导问题 2：根据细胞器的组成及功能，完成下列内容。

细胞器			
	______	功能 →	______
	______	功能 →	______
	______	功能 →	______
	______	功能 →	______
	______	功能 →	______
	______	功能 →	______

引导问题 3：请将细胞质中的线粒体、核糖体、高尔基体、内质网在细胞的电镜结构模式图（图 2-1-2）中进行标注。

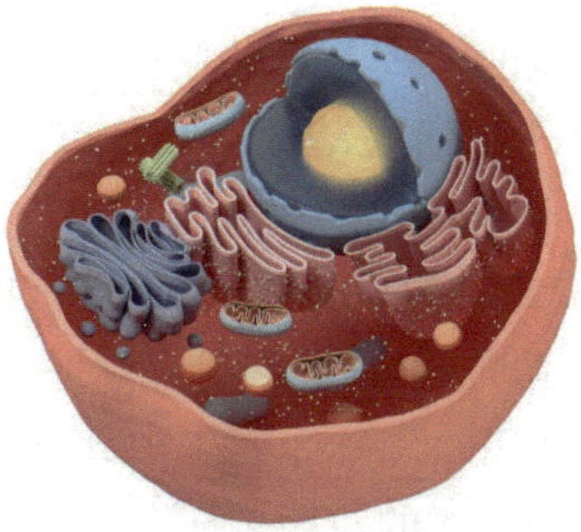

图 2-1-2　细胞的电镜结构模式图

子任务 4：认识细胞核及细胞器的主要组成。

细胞核的结构

引导问题 1：细胞核的基本结构包括________、________、________、________。

引导问题 2：核仁的功能是为________的合成提供场所。

引导问题 3：染色质和染色体是同一物质在细胞的不同时期的两种表现。染色质的基本结构单位是________，由 DNA 和组蛋白组成。

引导问题 4：染色体中的 DNA 是遗传物质，因此染色体是遗传物质的载体。人体的正常体细胞有________对染色体，其中________对为常染色体，________对为性染色体。性染色体与性别有关，男性为________，女性为________。

四、知识检测

检测试题　　参考答案

任务二　分析物质的跨膜转运

一、学习情景

人体在新陈代谢过程中产生代谢产物，如多余的水、无机盐、肌酐等对人体细胞有害的物质，通过细胞膜进入组织间隙的组织液中，通过人体呼吸、循环、泌尿等系统排出体外。

请思考：人体细胞需要的营养物质如何进入细胞内？

二、学习目标

1. 描述物质跨膜转运的方式；
2. 分析不同物质跨膜转运方式的区别。

三、任务实施

分析大分子物质与小分子物质跨膜转运的区别。

细胞的跨膜转运方式

子任务 1：认识细胞的跨膜转运方式。

引导问题 1：物质跨膜转运的方式主要有________、________、________。

引导问题 2：脂溶性小分子物质被动地由高浓度一侧穿过膜的脂质双分子层向低浓度一侧移动的过程，是一种最简单的________方式。

引导问题 3：带电的离子和相对分子质量稍大的水溶性分子，借助膜上的特殊蛋白质，由高浓度一侧通过细胞膜向低浓度一侧扩散的过程，是________扩散。

引导问题 4：________和________属于被动转运。

引导问题 5：完成被动转运方式的对照表。

转运方式		转运方向	是否需要载体	是否消耗能量	转运的物质
被动转运	单纯扩散				
	易化扩散				

引导问题 6：请阐述主动转运的方式及特点。

____

____

大分子物质进出细胞膜的过程

子任务 2：阐述大分子物质进出细胞膜的过程。

引导问题 1：绘制大分子物质出入细胞膜的示意图。

绘制区域

引导问题 2：简述大分子物质入胞和出胞的过程。

____

____

进阶任务

结合物质跨膜转运的相关知识，分析载体蛋白、三磷酸腺苷数量是否影响主动转运效率并阐述原理。

____

____

四、知识检测

检测试题　　参考答案

任务三　辨别上皮组织类型与分布

一、学习情景

患者，男，50 岁。患者近 4 年常感上腹部疼痛，伴食欲减退。1 周前症状加重，伴上腹部饱胀，反酸、嗳气，入院后胃镜活检示：胃黏膜变薄，腺体减少，胃黏膜上皮内有杯状细胞。

请思考：正常胃黏膜上皮属于被覆上皮中的哪一类？

二、学习目标

1. 分析被覆上皮组织的分类及其上皮的结构特点及分布；
2. 阐述腺上皮的结构特点、分布和功能。

三、任务实施

分析上皮组织的组成和结构特点，以及主要分布的位置和功能。

子任务 1：认识被覆上皮组织的组成。

被覆上皮组织的组成

引导问题 1：上皮组织又称上皮，由大量形态规则、排列紧密的上皮细胞和少量细胞间质构成，根据其形态和功能的不同，上皮分为________和________。

引导问题 2：被覆上皮组织主要分布于________或人体的各种____、____、囊的内表面，主要起________作用。

引导问题 3：请描述被覆上皮组织的结构特点。

____

____

子任务 2：认识单层扁平上皮。

单层扁平上皮

引导问题 1：单层扁平上皮又称为______________，由一层________细胞构成（如鳞状）。

引导问题 2：列出内皮和间皮的分布区域及共性结构特点。

分类	分布区域	共性结构特点
内皮		
间皮		

单层立方上皮

子任务3：认识单层立方上皮。

引导问题1：单层立方上皮由一层________细胞排列而成，细胞核较圆，位于细胞中央。

引导问题2：请在方框内填写单层立方上皮的分布及功能。

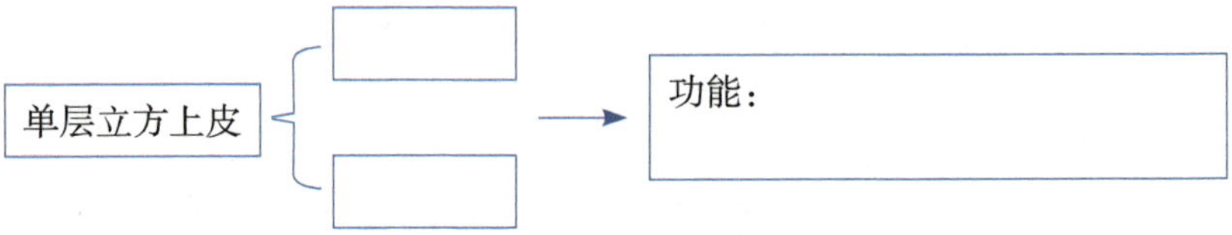

单层柱状上皮

子任务4：认识单层柱状上皮。

引导问题1：单层柱状上皮由一层________细胞组成。

引导问题2：单层柱状上皮从侧面看，细胞呈__________，核呈椭圆形靠近细胞________。

引导问题3：请在方框内1、2、3处填写单层柱状上皮主要分布的位置，并描述单层柱状上皮的功能。

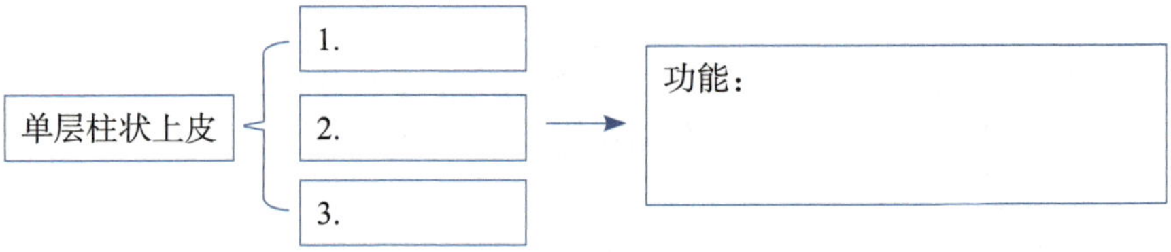

假复层纤毛柱状上皮

子任务5：认识假复层纤毛柱状上皮。

引导问题1：假复层纤毛柱状上皮由一层_______、_______、梭形细胞及_______组成。

引导问题2：假复层纤毛柱状上皮，表面有大量________，形似复层，实为单层，主要分布于________，有________、________作用。

复层扁平上皮

子任务6：认识复层扁平上皮。

引导问题1：复层扁平上皮由________细胞紧密排列而成，又称复层鳞状上皮。

引导问题2：请在方框内1、2、3、4、5、6处填写复层扁平上皮主要分布的位置，并描述复层扁平上皮的功能。

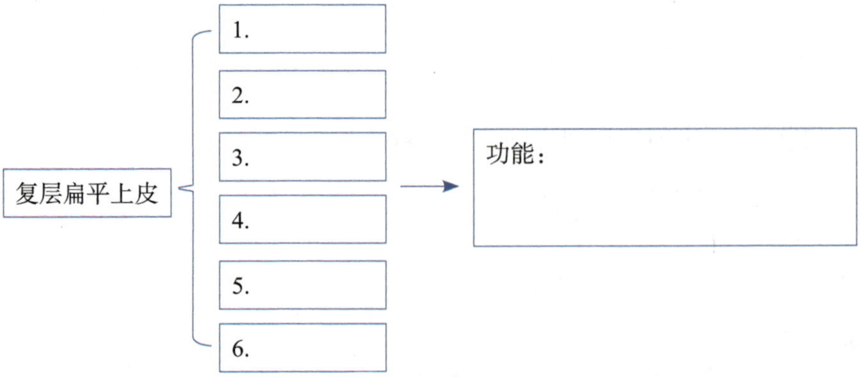

引导问题3：复层扁平上皮耐摩擦，具有______异物入侵的作用。

子任务7：认识变移上皮。

变移上皮

引导问题1：变移上皮由________细胞组成；细胞层数和形状可随所在器官容积的大小变化而__________。

引导问题2：根据变移上皮形态特点，它主要分布于________、________等处。

引导问题3：请归纳单层上皮及复层上皮的种类。

____

____

子任务8：认识腺上皮。

腺上皮

引导问题1：以分泌功能为主的上皮称为____________。

引导问题2：以腺上皮为主构成的器官称为____________。

引导问题3：分泌物经导管排至体表或器官腔内的腺体称为______________，如__________、汗腺等；分泌物直接进入血液的腺体称为__________，如____________、肾上腺等。

引导问题4：外分泌腺一般可分为____________和____________两部分。

进阶任务

结合本节知识内容，请思考呼吸道黏膜上的假复层纤毛柱状上皮表面的纤毛清除功能障碍，是否会造成呼吸道反复感染？

____

____

四、知识检测

检测试题　　参考答案

任务四　分析结缔组织的结构特点及功能

一、学习情景

患者，女，53岁。主诉：左膝关节疼痛1月余。现病史：患者自述于入院前1月余无明显诱因出现左膝关节疼痛，疼痛呈进行性加重，活动后疼痛明显，不伴左下肢水肿、麻木等不适，到医院门诊就诊，初步考虑左半月板受损（半月板由肌肉和软骨组成），今为求进一步诊治，住院明确诊断。

请思考：软骨的组成成分有哪些？

二、学习目标

1. 描述结缔组织具有的特点及广义的分类；
2. 阐述固有结缔组织的分类及功能；
3. 区分软骨组织和骨组织的组成。

三、任务实施

辨别结缔组织的类型与功能。

结缔组织的组成及特点

疏松结缔组织

子任务1：认识结缔组织的组成及特点。

引导问题1：结缔组织具有细胞种类多、____________、____________、结构复杂等特点。

引导问题2：广义的结缔组织包括柔软的____________、软骨组织和__________以及液态的血液。

子任务2：认识疏松结缔组织。

引导问题1：疏松结缔组织的结构特点是细胞种类__________，纤维稀疏呈网状排列，基质丰富。

引导问题2：疏松结缔组织主要由________、________、________三种成分组成。

引导问题3：请完善下列细胞的功能。

- 成纤维细胞 功能：____________________________。
- 浆细胞 功能：____________________________。
- 巨噬细胞 功能：____________________________。
- 肥大细胞 功能：____________________________。
- 脂肪细胞 功能：____________________________。

引导问题4：请在图2-4-1中标注疏松结缔组织内各成分。

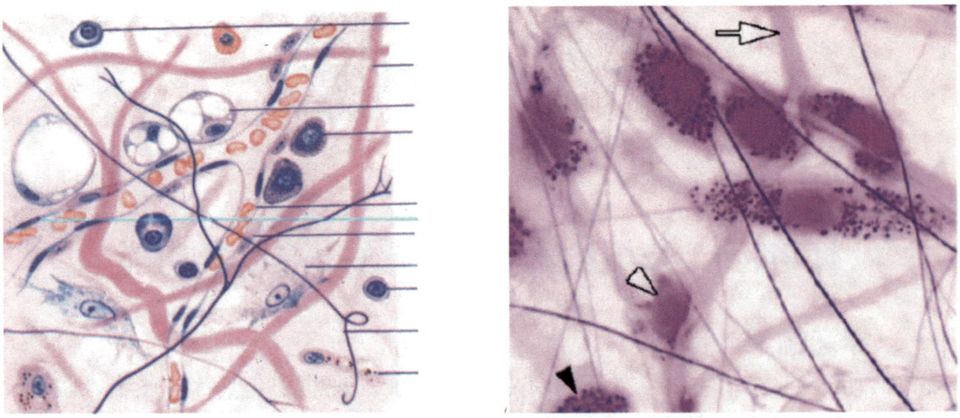

图2-4-1 疏松结缔组织

子任务3：认识结缔组织中纤维的组成。

引导问题1：纤维主要有________、________和网状纤维。

引导问题 2：请将表中的内容填写完整。

分类	组成成分	结构特点
胶原纤维		
弹性纤维		
网状纤维		

结缔组织中纤维的组成

子任务 4：认识致密结缔组织、脂肪组织和网状组织的结构特点。

引导问题 1：请简述致密结缔组织特点及其主要功能和分布情况。

____

____

引导问题 2：脂肪组织由大量群集的________细胞构成，被疏松结缔组织分割成脂肪小叶，主要分布于________、________和________等处，具有________、________和________的作用。

引导问题 3：网状组织由________、________和________组成，网状组织主要分布在淋巴器官和________器官。

致密结缔组织、脂肪和网状组织的结构特点

子任务 5：认识软骨组织和骨组织。

引导问题 1：______和________构成人体的骨骼系统。

引导问题 2：请结合软骨所含的不同纤维，完善表格。

分类	软骨组织含的主要的纤维	机体中主要的分布位置
透明软骨		
弹性软骨		
纤维软骨		

软骨组织和骨组织

进阶任务

结合本节内容，软骨组织中含有胶原纤维和弹性纤维，随着人的年龄的增长，软骨组织中含有的胶原纤维和弹性纤维发生变化，试分析软骨组织的弹性和韧性是否下降？

____

____

四、知识检测

检测试题　　参考答案

任务五　认识肌组织

一、学习情景

患者，男，23 岁。主诉：1 年前无明显诱因开始出现持续性双侧踝关节以下麻木。现病史：5 个月前双侧膝关节以下麻木无力，活动后加剧，并出现声音嘶哑，饮水呛咳。四肢末端遇冷时发绀。近日上述症状加重，并出现双上肢无力，双手指尖发麻，走路有踩棉花感，呼吸费力。入院查体：神志清楚，声音嘶哑，音调低，咽反射存在，双上肢近端肌力 4+ 级，握力 4－级，双下肢肌力 3+ 级，双足背屈不能，双下肢踝关节以下痛觉过敏，双脚位置觉差，四肢腱反射消失，腹壁反射消失，病理征未引出，双下肢水肿。肌电图：四肢有明显神经源性损害，考虑多发性神经损害、周围神经脱髓鞘损害和轴索改变，不排除格林巴利综合征。神经活检病理示：重度慢性活动性轴索性神经病。腰穿：蛋白细胞分离。诊断：慢性格林巴利综合征。

二、学习目标

1. 描述肌组织的分类；
2. 阐述骨骼肌结构和特点；
3. 阐述心肌结构和特点；
4. 说出平滑肌结构及分布。

三、任务实施

阐述肌组织的分类、结构特点及分布。

子任务 1：认识肌组织。

肌组织

引导问题 1：肌组织主要由具有收缩功能的______和少量的______构成。

引导问题 2：骨骼肌受躯体神经支配，属于______；心肌和平滑肌受自主神经支配，为______。

子任务 2：认识骨骼肌的纤维结构。

骨骼肌的纤维结构

引导问题 1：每个肌节包括 1/2 暗带 +1/2 明带，______是骨骼肌纤维结构和功能的______。

引导问题 2：每条肌原纤维上都有明暗相间的带，分别称为______和______。

引导问题 3：骨骼肌的超微结构中，肌浆网膜上有钙泵，具有调节肌浆中______浓度的作用。

子任务 3：认识心肌的结构。

心肌的结构

引导问题 1：心肌由______构成，分布于______及其邻近的大血管壁上，心肌收缩具有______。

引导问题2：请阐述心肌的一般结构。

引导问题3：请阐述心肌纤维的主要特点。

子任务4：认识平滑肌的结构。

引导问题1：平滑肌主要由＿＿＿＿＿＿构成。

引导问题2：根据学习内容，总结心肌、平滑肌、骨骼肌的功能特点及分布。

平滑肌的结构

进阶任务

结合心肌组织特点，分析心肌细胞是否受到躯体神经的支配？

四、知识检测

检测试题　　参考答案

任务六　认识神经组织

一、学习情景

患者，女，5岁，在一次高热后出现左下肢不能活动。入院后检查发现：头、颈、两上肢、右下肢活动良好；左下肢瘫痪、肌肉萎缩、肌张力明显下降；左膝跳反射消失，病理反射（－）；全身深、浅感觉均正常。左下肢瘫痪、肌肉萎缩、肌张力明显下降，左膝跳反射消失，病理反射（－）说明是下运动神经元损伤。

二、学习目标

1. 描述神经组织的组成；
2. 区分突触的分类；
3. 阐述神经纤维与神经末梢的组成。

三、任务实施

阐述神经细胞如何传递信息。

神经组织

神经元的形态结构

子任务1：识别神经组织。

引导问题1：神经组织由__________与__________组成。

引导问题2：神经细胞（神经元）是神经系统结构与功能的________。

引导问题3：神经细胞具有接收________、传导神经冲动的能力。

子任务2：认识神经元的形态和结构。

引导问题1：神经元的突起包括____________和__________两种。

引导问题2：请在图2-6-1中对神经元的结构进行标注。

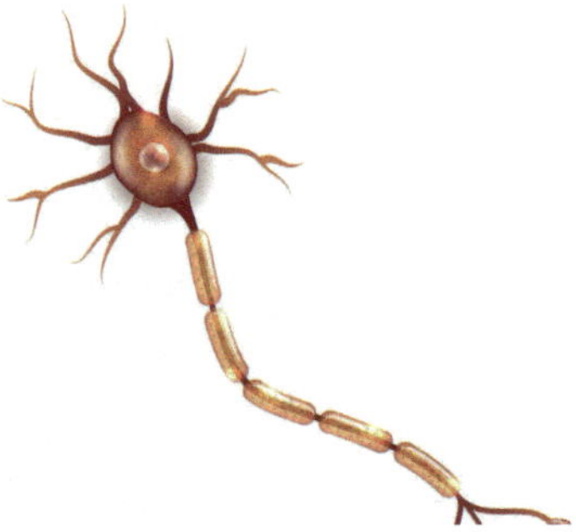

图2-6-1　神经元模式图

引导问题3：神经元常按突起数目、功能进行分类。请完成下列内容。

	按突起数目分	按功能划分
神经元		

突触构成

子任务3：认识突触构成。

引导问题1：按传递信息方式，突触可分为________和__________两类。

引导问题2：在图2-6-2中，对化学突触的结构进行标注。

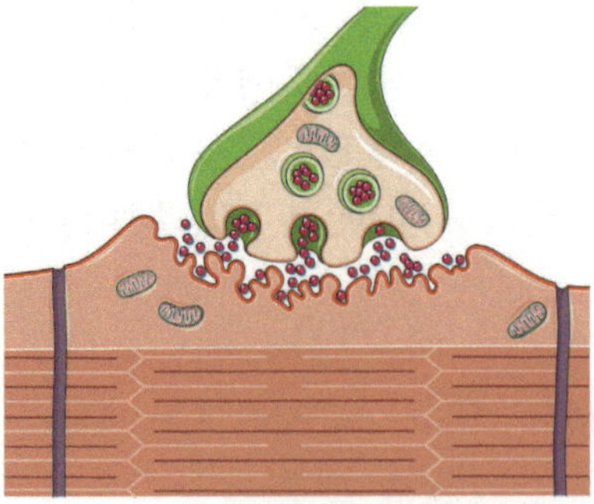

图2-6-2　化学突触结构模式图

引导问题 3：完善化学突触传导信号的方式。

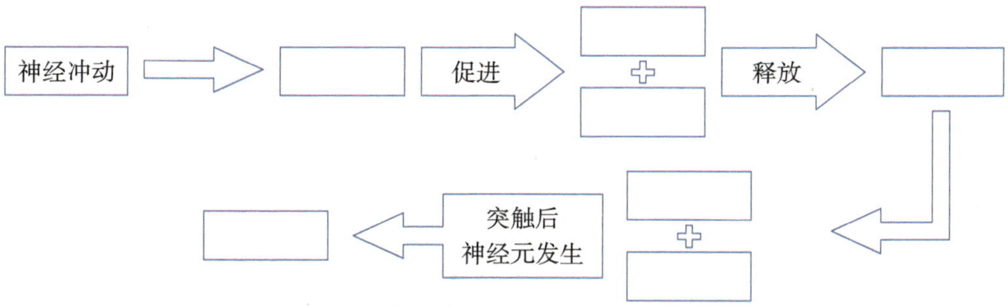

子任务 4：区别神经纤维与神经末梢。

引导问题 1：根据胶质细胞是否形成髓鞘，神经纤维可分为有髓神经纤维和____________。

引导问题 2：神经末梢按功能可分为________和________两大类。

神经纤维与神经末梢

进阶任务

进阶任务：结合神经末梢的功能，人类感受自然环境冷暖刺激是哪种神经末梢接受外界环境刺激？

____

____

四、知识检测

检测试题　　参考答案

项目三
血液

血液是一种特殊的流体组织，不仅承载着机体物质运输的重要功能，也维系着机体内环境的稳态。血液主要由血浆和血细胞组成。血细胞随血浆循环，它们分别是红细胞、白细胞与血小板。

红细胞是我们身体里氧气的搬运工，它能够帮助我们将氧气运输到身体的各个组织器官，保证机体的代谢所需。白细胞是人体的卫士，能吞噬从外界入侵机体的细菌。血小板则是参与血液凝固的重要物质。

学习目标

学生通过学习达成以下目标：

素质目标	1. 让学生对血液病有正确的认识，养成良好的卫生习惯； 2. 培养学生对无偿献血和骨髓捐献的认识； 3. 培养学生热爱医学，建立正确的价值观。
知识目标	1. 掌握血液的组成及各种血细胞的正常值； 2. 熟悉红细胞的生理特性； 3. 了解红细胞的理化特性及血液凝固的基本过程。
能力目标	1. 正确使用显微镜，认识血细胞的形态； 2. 总结血液章节的知识点，能准确分析血常规的指标； 3. 运用所学知识解决日常和血液有关的问题。

任务一　认识血液的组成

一、学习情景

王同学，20 岁，体重 64 kg，平素身体健康，无任何疾病及不良嗜好，其想去献血，但又怕献血后会贫血影响健康，就去血站找医生询问。医生告知他“根据你的身体状况，献 400 mL 血不会对你有影响的”。

二、学习目标

1. 准确描述出血量和体重的关系；
2. 描述血液的组成成分；
3. 比较血清和血浆的不同。

三、任务实施

描述血液的组成成分。

子任务 1：失血量对机体的影响。

引导问题 1：在下面蓝色区域中填上血量的组成。

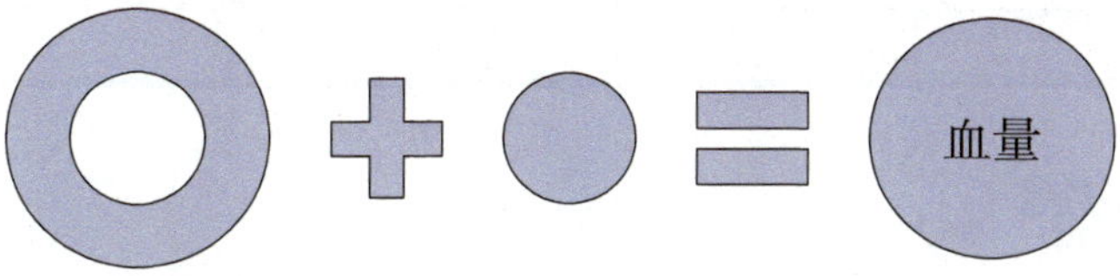

引导问题 2：为什么大量出血会危及生命？

____

____

引导问题 3：为什么献血不会影响机体的健康？

____

____

引导问题 4：失血量超过血量的______会危及生命。

子任务 2：描述血液的组成成分。

引导问题 1：血液是一种由______和______组成的液态的结缔组织。

引导问题 2：请说出血液中有哪几种血细胞？

____

____

引导问题 3：血浆中含量最多的阳离子是______。

引导问题 4：血浆中含量最多的阴离子是______。

子任务 3：比较血清和血浆的不同。

引导问题 1：同样是血液中析出的淡黄色液体，血浆和血清有什么不同？

____

____

引导问题 2：血浆中，与凝血有关的血浆蛋白是______。

子任务 4：根据本节任务所学知识，完成血液组成图。

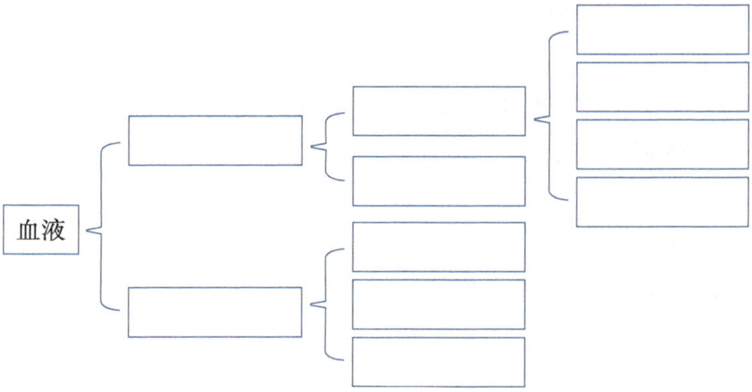

血量

血液

血清

大出血病人的注意事项

进阶任务

为什么大量失血会危及生命，不同程度丢失血液对机体有何影响？

____

____

四、知识检测

检测试题　　参考答案

任务二　分析血浆的理化性质

一、学习情景

王某，男，70 岁，因“腹部胀痛 5 天，现加重 2 天”入院。查体：体温 36.4 ℃，呼吸 16 次 /min，血压 125/76 mmHg。经 CT 检查，患者腹腔内有大量腹腔积液。

患者既往有 5 年的肝硬化病史。

现患者请医生给他把腹腔积液全部抽掉，尽快解决腹胀问题，但是医生告知患者：“如果单纯抽掉腹腔积液，只是治标不治本，抽完后腹腔积液还会增加。只有补充蛋白，才能避免腹腔积液进一步增多。”

二、学习目标

1. 准确描述血浆的组成；
2. 阐述血液的理化特性；
3. 分析渗透压对机体的影响。

三、任务实施

分析血浆的组成及渗透压的意义。

子任务 1：复述血浆的成分。

引导问题 1：血液中去除血细胞，剩余的液体就是血浆，里面含量最多的是________。

引导问题 2：血浆蛋白是多种蛋白的总称，包括________、________和________三大类。

子任务 2：阐述血液的理化特性。

引导问题 1：为什么血液滴入水中会往下沉？

____

____

血浆

血液的比重和黏度

引导问题 2：脱水的患者，全血的比重会变________。

引导问题 3：分析为什么血液比水要黏稠。

____

____

子任务 3：分析渗透压对机体的影响。

引导问题 1：溶液中的溶质颗粒吸引水分子透过半透膜的力量，称为________。

引导问题 2：渗透压的大小与溶液中的________成正比关系。

引导问题 3：晶体渗透压主要由________形成。

引导问题 4：晶体渗透压过高或过低对红细胞有什么影响？

____

____

引导问题 5：胶体渗透压主要由________形成。

引导问题 6：胶体渗透压过高或过低对血管内外的水平衡有什么影响？

____

____

子任务 4：填写血浆渗透压的组成及生理意义。

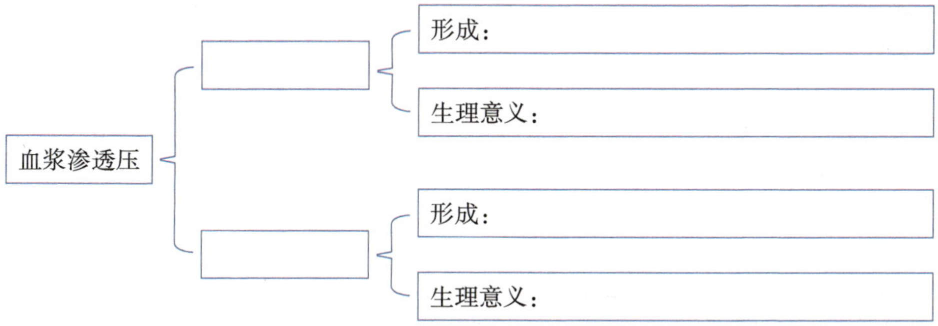

血浆渗透压

血浆 pH 值

进阶任务

肝硬化的患者，白蛋白低会发生什么？

____

____

四、知识检测

检测试题　　参考答案

任务三　分析红细胞的形态与生理功能

一、学习情景

王某，女，24 岁，因长期节食减肥而营养不良。医院血常规示：红细胞为 2.8×10^{12}/L，血红蛋白为 90 g/L。试问该患者发生了何种疾病，和节食减肥有什么关系？

二、学习目标

1. 准确描述红细胞的形态、功能及正常值；
2. 准确阐述红细胞的生理特性；
3. 分析红细胞的生成和破坏的过程。

三、任务实施

描述红细胞的正常值及功能。

红细胞

子任务 1：描述红细胞的形态、功能及正常值。

引导问题 1：在下面空白处画出成熟红细胞的形态。

绘制区域

引导问题 2：血红蛋白能运输______和______。

引导问题 3：填写红细胞及血红蛋白的正常值。

分类	红细胞正常值	血红蛋白正常值
成年男性		
成年女性		

引导问题 4：血液中______或______浓度低于正常值，称为贫血。

红细胞的生理特性

子任务 2：阐述红细胞的生理特性。

引导问题 1：红细胞容易在下列哪种溶液里膨胀破裂，为什么？

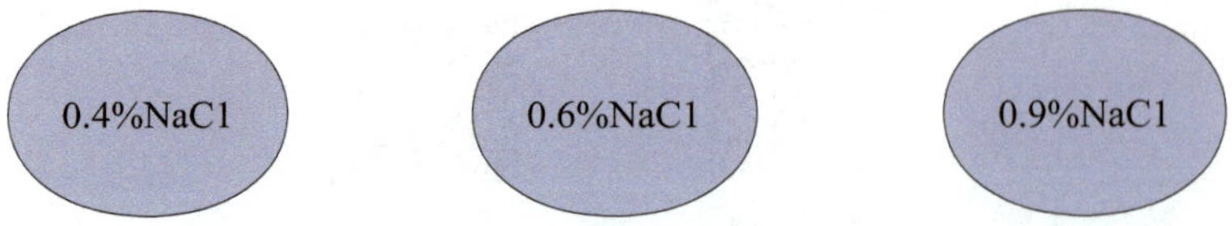

引导问题 2：红细胞膨胀甚至破裂，会发生______。

引导问题 3：红细胞穿过直径比它小的毛细血管后会发生什么？

____

____

引导问题 4：为什么红细胞能稳定地悬浮于血浆中不往下沉？

____

____

子任务 3：分析红细胞的生成和破坏的过程。

引导问题 1：红细胞的平均寿命是______天。

引导问题 2：血液中红细胞不断衰老、死亡，为什么我们没有贫血？

____

____

红细胞的生成和破坏

引导问题 3：为什么男性的红细胞和血红蛋白的数量要高于女性？

____

____

引导问题 4：为什么有的贫血患者要补铁？

____

____

引导问题 5：写出红细胞生成及破坏的相关内容。

生成部位	寿命	清除部位

影响红细胞成熟的因素

四、知识检测

检测试题　　参考答案

任务四　区分白细胞的类型及生理功能

一、学习情景

白细胞会吞噬外来的物质或者是机体认为的非自身的物质，被称为“人体卫士”。为什么有时候感冒去医院做血常规，会出现白细胞的数量升高，对人体是好还是不好？

二、学习目标

1. 准确描述白细胞的分类及正常值；

2. 准确阐述白细胞的功能。

三、任务实施

描述白细胞的正常值及功能。

子任务 1：描述白细胞的正常值。

白细胞

引导问题 1：白细胞的正常值是______。

引导问题 2：根据胞质内有无特殊颗粒，白细胞可分为______和______。

引导问题 3：根据特殊颗粒的染色性，白细胞又可分为______、______和______。

引导问题 4：在哪些情况下，白细胞的数量会升高？

____

____

子任务 2：准确描述白细胞的功能。

白细胞的功能

引导问题 1：白细胞参与机体的______和______。

引导问题 2：填写不同种类白细胞的功能及临床意义。

白细胞的重要性

名称	功能	临床意义
中性粒细胞		
嗜酸粒细胞		
嗜碱粒细胞		
单核细胞		
淋巴细胞		

进阶任务

白血病的血常规检查有哪些异常情况？

____

____

进阶任务

患者，男，69 岁。患有高血压 10 年，今晨开始体温升高，伴畏寒、寒战，咳嗽、咳痰，痰呈脓性。检查：体温为 38.1 ℃，脉搏为 110 次 /min。双肺叩诊清音，闻及散在湿啰音。实验室检查：白细胞为 11.4×10^9/L。胸片：双肺散在小灶阴影，心脏增大。门诊以“小叶性肺炎”收入院。请问患者白细胞的数量为什么会升高？

____

____

四、知识检测

检测试题　　参考答案

任务五　分析血小板的生理功能

一、学习情景

王阿姨在缝衣服时不慎将手指扎破出血，她用棉签按压一会儿后伤口便停止出血。为什么伤口出血会自行停止？

二、学习目标

1. 准确描述血小板的生成及数量；
2. 准确阐述血小板的生理功能。

三、任务实施

描述血小板的数量及生理功能。

子任务 1：描述血小板的生成及数量。

引导问题 1：血小板的正常值是______。

引导问题 2：血小板在人体循环血液中的平均寿命是______天。

引导问题 3：血小板是怎么生成的？

____

____

子任务 2：准确阐述血小板的生理功能。

引导问题 1：出血时间正常值为______。

引导问题 2：生理性止血是血管、血小板、血浆中凝血因子协同作用的结果，请写出生理性止血的过程。

引导问题 3：机体少量出血后，血液为什么会自行凝固？

____

____

血小板

血小板的生理功能

血小板减少

进阶任务

血小板数量低于正常值会对身体有什么影响?

____

____

四、知识检测

检测试题　　参考答案

任务六　分析血液凝固的过程

一、学习情景

血液是在血管内不停流动的液体物质，只要血管破裂，血液就会流出，但是不一会儿就从液态变成不流动的凝胶状态，这是为什么呢?

二、学习目标

1. 准确阐述有多少种凝血因子及作用;
2. 准确分析血液凝固的过程。

三、任务实施

分析血液凝固的过程。

子任务1：阐述凝血因子的作用。

引导问题1：按国际命名法，用罗马数字按发现的次序编号的凝血因子有________种。

引导问题2：凝血因子不激活时具有凝血功能吗?

____

____

引导问题3：多数凝血因子在________合成，且需________参与。

子任务2：分析血液凝固的过程。

引导问题1：写出血液凝固的过程。

凝血因子

凝血过程

血液凝固

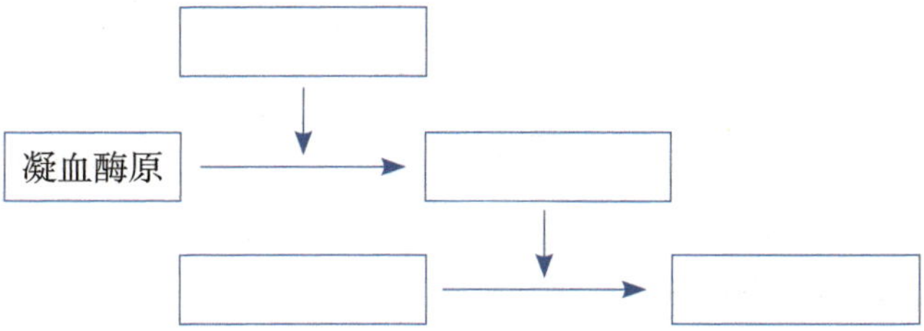

引导问题 2：内源性凝血与外源性凝血有什么区别？

____

____

四、知识检测

检测试题　　参考答案

任务七　区分抗凝与纤溶系统

一、学习情景

抗凝系统是机体内重要的防御系统之一，它与纤溶系统共同构成机体内两个重要的防御系统。只要它们之间保持动态平衡，机体就既可在出血时有效止血，又可防止血块堵塞血流，从而使血液保持流动。

二、学习目标

1. 正确认识纤维蛋白溶解系统；
2. 正确认识抗凝系统。

三、任务实施

认识抗凝与纤溶系统。

子任务 1：正确认识纤维蛋白溶解系统。

纤溶系统

引导问题 1：血液凝固过程中形成的__________被分解液化的过程，叫纤维蛋白溶解。

引导问题 2：纤维蛋白溶解对机体有什么意义？

____

____

引导问题 3：写出纤维蛋白溶解的机制。

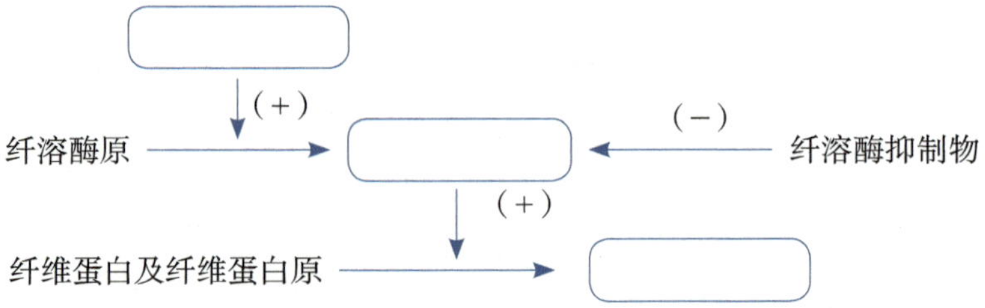

子任务 2：正确认识抗凝系统。

抗凝系统

止血

引导问题 1：血浆中的抗凝物质主要是________和________。

引导问题 2：正常情况下，为什么血管内的血液不会凝固？

____

____

进阶任务

纤溶亢进会导致什么后果？

____

____

四、知识检测

检测试题　　参考答案

任务八　认识血型

一、学习情景

我们在输血之前要对患者进行血型配对，先要检测供血者，也就是需要进行红细胞检测，看看受血者体内是否有抗输血的红细胞的抗体，防止在输血过程中出现溶血现象。

二、学习目标

1. 准确阐述 ABO 血型的类型；
2. 分析输血前为什么要进行交叉配血实验。

三、任务实施

分析输血前为什么要进行交叉配血实验。

子任务 1：ABO 血型有几种类型？

引导问题 1：血型的几种类型划分的依据是什么？

ABO 血型系统

引导问题 2：根据 ABO 血型系统抗原、抗体分布情况填写下列内容。

血型	抗原	抗体
A		
B		
AB		
O		

子任务 2：能准确分析输血前为什么要进行交叉配血实验。

引导问题 1：为什么 A 型血不能输入 B 型血患者体内？

输血

引导问题 2：输入不同血型的血液会产生什么后果？

血型

引导问题 3：请绘制交叉配血示意图。

绘制区域

四、知识检测

检测试题

参考答案

项目四
运动系统

人体的第一大系统是运动系统，占体重的60%，由骨、骨连结和骨骼肌构成。它形成人体的基本轮廓，赋予人体的基本外形，保护主要的人体器官，在神经系统的主导作用下，通过改变空间位置，完成身体的运动。

学习目标

学生通过学习达成以下目标：

素质目标	1. 培养学生自学、观察、综合判断的能力； 2. 培养学生与同伴合作交流的意识和能力； 3. 培养学生具备在学习中发现问题、提出问题，并运用所学知识和医学思维方法分析问题、解决问题的能力。
知识目标	1. 掌握运动系统的组成； 2. 掌握运动系统的功能； 3. 熟悉脊柱的组成、椎间盘的组成和特点，脊柱的侧面观；膈的三个裂孔的名称、位置及穿经结构。
能力目标	1. 在正常人体上指出重要的骨性标志； 2. 比较肩关节、肘关节、腕关节、髋关节、膝关节、踝关节的组成和特点； 3. 比较男女骨盆的区别； 4. 能在正常人体上指出重要的肌性标志。

任务一　认识骨的形态

一、学习情景

董某某，女，50岁，因“腰背部疼痛2年，加重1月”入院治疗，3年前因子宫肌瘤、卵巢囊肿行子宫加双附件切除术。术后月经无异常，曾连续服用“利维爱”半年，后自行停药。1年前滑倒后腕部骨折，后治愈。无高血压、糖尿病等慢性疾病史。辅助检查：血钙、血磷无异常。双光能线骨密度检查【D×A】：L1—L4骨密度T -2.7（即低于正常2.7个标准差）。目前诊断：严重骨质疏松症。

二、学习目标

1. 描述运动系统的基本组成及功能；

2. 说出骨的分类与构造；
3. 概括骨的形态与分布之间的联系；
4. 解释骨的构造的生理意义；
5. 比较不同年龄段骨生长的不同。

三、任务实施

认识骨的形态特点及构造。

子任务 1：认识运动系统的组成及功能。

运动系统的组成

引导问题 1：运动系统由________、________和________三部分组成，全身各骨借骨连结形成骨骼，构成人体的支架，赋予人体基本形态。

引导问题 2：在运动中，________起杠杆作用，________起枢纽作用，________为运动的动力器官。

引导问题 3：总结运动系统的功能。

____

____

子任务 2：对骨的形态进行分类。

骨的形态分类

引导问题 1：运动系统的不同功能，使骨呈现出不同的形态。通过对人体骨骼模型进行观察，联想几何图形，简单概括人体各骨基本形态可分为哪几类？

____

____

引导问题 2：通过对人体骨骼模型进行观察，用表格的形式对不同形态骨的功能及主要分布进行归纳。

骨的形态分类	基本功能	分布（主要）

子任务 3：认识骨的构造与功能。

骨的构造

引导问题 1：骨由________、________和________构成。

引导问题 2：骨质分为________和________。

引导问题 3：两种骨质在形态结构和功能上有什么区别？

____

____

造血干细胞与骨髓

引导问题 4：为什么骨膜能参与骨折端的修复愈合？

____

____

引导问题5：骨髓位于骨髓腔和骨松质间隙内，分为______和______。
引导问题6：具有造血功能的是______。
引导问题7：举例说明临床上什么情况下黄骨髓可转化为红骨髓并恢复造血功能。

____

____

子任务4：对骨的构造模型进行观察，将骨的构造绘入下面空白区域。

绘制区域

子任务5：理解骨的理化特性。
引导问题1：骨的化学成分分为______和______两类。
引导问题2：简述成人新鲜骨的两种化学成分的组成及含量占比。

____

____

引导问题3：随着年龄的增长，骨的化学成分会发生什么变化？

____

____

骨的理化性质

骨的发生和发育

进阶任务

分析老年人的骨容易出现骨折，幼儿的骨不易骨折却容易发生变形的原因。

____

____

四、知识检测

检测试题　　参考答案

任务二　认识骨连结

一、学习情景

骨与骨之间可借三种组织相连，即纤维结缔组织、软骨组织和骨组织，其连结的方式是多样的。但按骨连结的方式，可分为两大类，即直接连结和间接连结。间接连结又称为关节。那么，什么是关节？关节的组成有哪些呢？

二、学习目标

1. 区分直接连结和间接连结；
2. 描述关节的基本结构及功能；
3. 解释关节辅助结构的作用。

三、任务实施

认识关节的组成及辅助结构。

子任务 1：认识关节的组成。

关节的组成

引导问题 1：骨与骨之间的连结装置称为________。按连结方式的不同，骨连结可分为______和________。

引导问题 2：间接连结又称为________。

引导问题 3：根据关节的基本组成，完成思维导图。

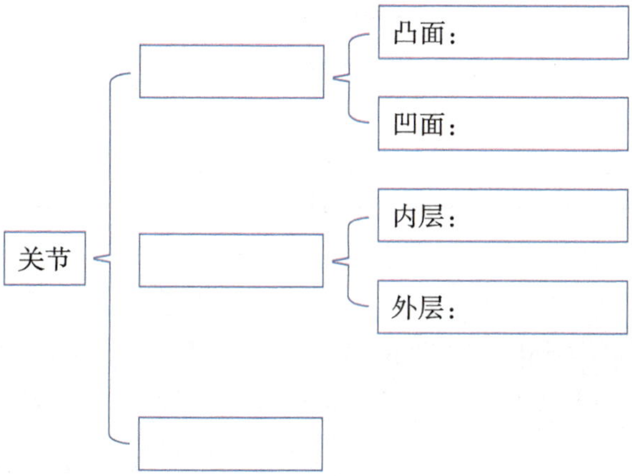

引导问题 4：绘制关节的基本结构示意图。

绘制区域

子任务2：描述关节的功能。

引导问题1：关节面有两面，即关节头和关节窝，两关节面的形态结构不一样有什么好处？

______

______

引导问题2：关节面的关节软骨有什么作用？

______

______

引导问题3：关节囊的两层结构在功能上有什么区别？

______

______

引导问题4：关节腔内始终呈负压，有什么生理意义？

______

______

子任务3：识别关节的辅助结构。

引导问题1：关节的辅助结构是某些关节为适应功能需要而出现的结构。关节的辅助结构主要有________、________、________、________。

引导问题2：通过对关节的辅助结构的位置、特点和功能的分析，将相关内容填于表中。

关节的辅助结构

关节的运动

关节的辅助结构	位置	特点	功能

进阶任务

1. 说明直接连结和间接连结的区别。

2. 关节的运动形式有哪些？

______

四、知识检测

检测试题　　参考答案

任务三　列举躯干骨及其骨连结

一、学习情景

李某，女，50 岁，近一年常感腰部疼痛，并向右侧大腿和小腿放射，伴麻木和刺痛感，口服药物治疗效果不佳，遂入院治疗。体格检查发现腰部活动受限，第四腰椎处有叩痛和压痛，X 线检查显示：脊柱生理弯曲度变小，腰椎椎间隙变窄。临床初步诊断：腰椎间盘突出。什么是椎间盘？椎间盘有什么作用？

二、学习目标

1. 说出躯干骨的组成；
2. 描述躯干骨各骨的位置及形态特点；
2. 描述椎间盘的组成；
3. 说出脊柱的侧面观中各生理弯曲的特点；
4. 描述并在正常人体上指出胸骨下角、胸骨角、肋弓等骨性标志。

三、任务实施

对比躯干骨的组成及其连结。

子任务 1：说出躯干骨的组成。

引导问题 1：躯干骨包括________、________和________，他们借骨连结构成脊柱和胸廓。

引导问题 2：人幼年时椎骨为 33 块，包括颈椎____块、胸椎____块、腰椎____块、骶椎____块、尾椎____块。成年后 5 块骶椎融合为____块骶骨，4 块尾椎融合为____块尾骨。

椎骨

子任务 2：认识脊柱。

引导问题 1：成人脊柱由____块椎骨构成。

引导问题 2：椎骨为不规则骨，其一般形态有哪些结构？

____

____

引导问题 3：根据椎骨的一般形态特点，在图 4-3-1 中标注出椎体、锥孔、椎弓根、横突、棘突、上关节突、下关节突。

图 4-3-1　椎骨的一般形态

引导问题 4：颈椎的形态特点有____。

引导问题 5：胸椎的形态特点有____。

引导问题 6：腰椎的形态特点有____。

进阶任务

分析临床上常于 L3、L4 棘突间行腰椎穿刺术的主要原因。

____

____

引导问题 7：骶骨由 5 块骶椎融合而成，其内有________。骶骨呈三角形，底朝上，其前缘向前突出称________；前面光滑微凹，有____对骶前孔，后面粗糙隆突，有____对骶后孔，骶前、后孔均与骶管相通；后面正中有骶正中嵴，其下端有三角形的________，裂孔两侧有向下突出的骶角。骶骨的两侧缘上部有________，与髂骨的耳状面组成骶髂关节。

引导问题 8：根据骶骨的形态特点，在图 4-3-2 中标注出骶岬、骶前孔、骶后孔、耳状面、骶管裂孔、骶角。

前面观　　　　后面观

图 4-3-2　骶骨和尾骨

子任务 3：认识椎骨间的连结。

椎骨间的连结

引导问题 1：相邻两个椎体之间的纤维软骨盘称为________。

引导问题 2：在蓝色区域中填上椎间盘的组成。

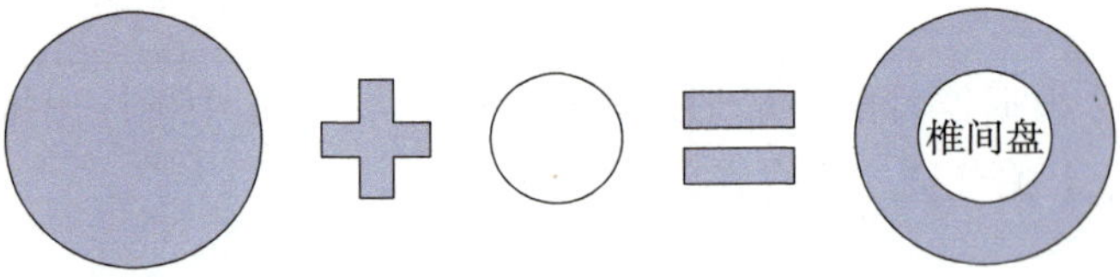

引导问题 3：颈、胸、腰部的椎间盘厚薄不一，请将下列椎间盘按其厚薄进行正确连线。

颈部椎间盘　　胸部椎间盘　　腰部椎间盘

最厚　　厚　　最薄

引导问题 4：举例说明哪些原因容易导致椎间盘脱出？

____

____

腰椎间盘突出症

进阶任务

讨论椎间盘脱出后有什么后果？临床最常见的椎间盘脱出部位是哪里？

____

____

引导问题 5：请在图 4-3-3 中，标注出前纵韧带、后纵韧带、棘上韧带、黄韧带和棘间韧带。

椎骨的连结及脊柱的常见变异和畸形

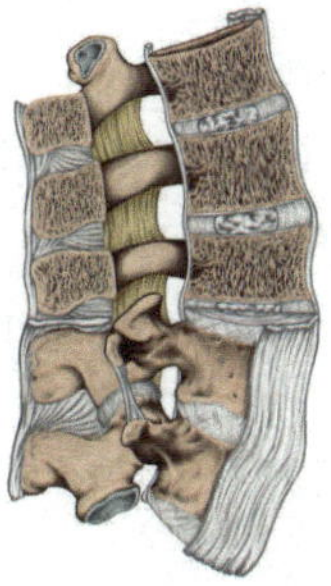

图 4-3-3　脊柱的韧带和椎间盘

引导问题 6：脊柱前面观可见椎体自上而下逐渐________；后面观可见棘突均位于________。

引导问题 7：脊柱侧面观可呈现________、________、________和________4 个生理弯曲。其中________和________凸向前，________和________凸向后。

引导问题 8：请在图 4-3-4 中，标注出 4 个生理弯曲。

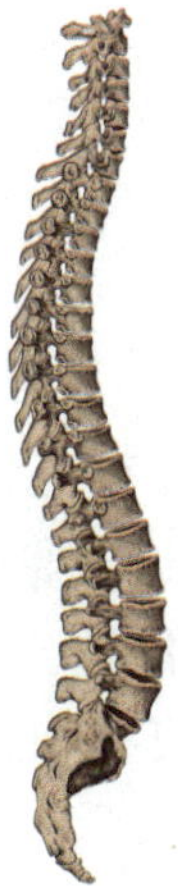

图 4-3-4　脊柱的侧面观

进阶任务

1. 为什么脊柱四个生理弯曲的曲度不是朝着同一个方向？正常的生理弯曲对人类来讲有什么重要的意义？

2. 脊柱的功能有哪些？

____

____

____

____

子任务4：认识胸骨。

引导问题1：胸骨包括______、________和______。

引导问题2：胸骨柄上缘中部凹陷称__________。

引导问题3：胸骨柄与胸骨体连结处微向前突，称________，其两侧与第_____肋软骨相连结，是计数________的重要标志。

引导问题4：请在图4-3-5中，标注出颈静脉切迹、胸骨柄、胸骨体、剑突。

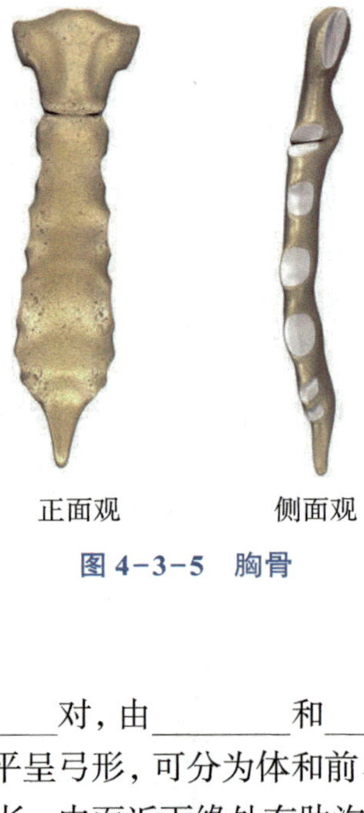

图4-3-5 胸骨

子任务5：识别肋。

引导问题1：肋骨共________对，由________和________组成。

引导问题2：肋骨细长扁平呈弓形，可分为体和前、后两端。后端膨大称______，与胸椎肋凹相关节，肋体扁而长，内面近下缘处有肋沟，沟内有肋间__________通过。

引导问题3：肋软骨位于各肋骨的前端，为______。

引导问题4：第1～7肋的肋软骨直接和胸骨两侧相连。第8～10肋的肋软骨依次与上位肋软骨连结，形成________。

引导问题5：请在图4-3-6中，标注出肋弓。

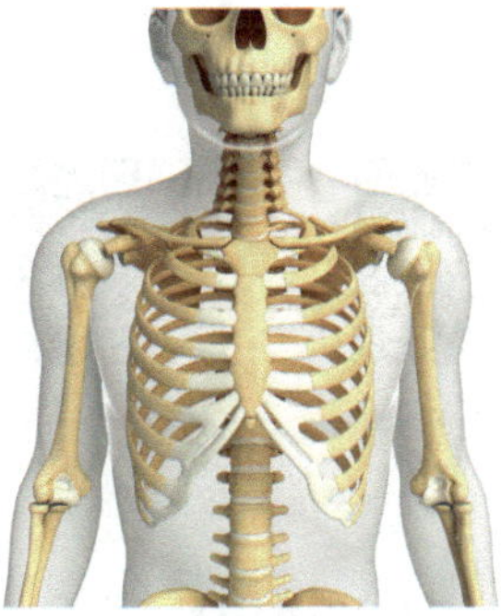

图 4-3-6　肋弓

子任务 6：描述胸廓的组成。

引导问题 1：胸廓由____块胸椎、____对肋和______块胸骨连结形成笼状支架。

引导问题 2：胸两侧肋弓之间向下的夹角称______。

引导问题 3：相邻两肋之间的间隙称为________。

胸廓

进阶任务

怎样理解胸廓参与呼吸运动？

____

____

子任务 7：根据思维导图，在方框内填上相应的内容。

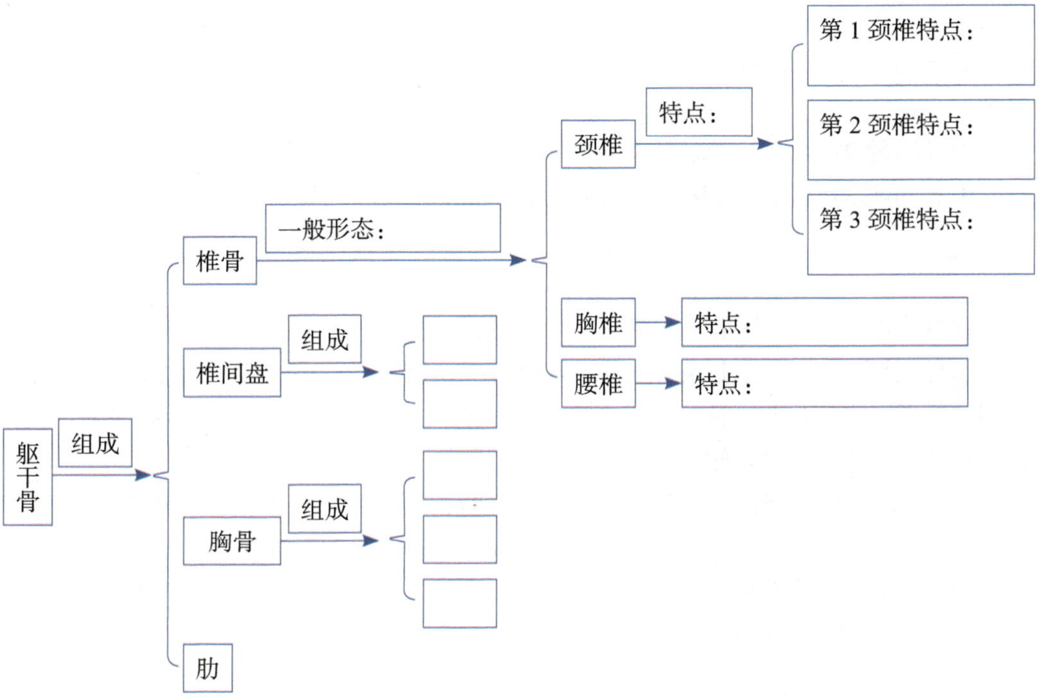

四、知识检测

检测试题　　参考答案

任务四　列举四肢骨及其骨连结

一、学习情景

钟先生，35 岁，横穿马路时被汽车撞伤大腿，由他人急送入院。钟先生自述汽车撞到了左侧大腿，现左侧大腿中部疼痛难忍。查体：体温 36.8 ℃，血压 90/60 mmHg，脉搏 96 次 /min，呼吸 24 次 /min，左侧大腿中部可见瘀斑肿胀，左足外旋。CT 辅助检查示：股骨颈骨折。

二、学习目标

1. 正确说出四肢各骨的组成、位置和形态特点；
2. 描述肩关节、肘关节、腕关节、髋关节、膝关节、踝关节的组成、特点及功能；
3. 分辨男、女性骨盆的差异。

三、任务实施

对比四肢骨的组成及其连结。

子任务 1：认识上肢骨。

上肢骨的组成

引导问题 1：上肢骨共______块，包括______、______、______、______、______和手骨。

引导问题 2：锁骨内侧端粗大，称______；外侧端扁平，称______。

引导问题 3：为什么临床上锁骨发生骨折的部位多为中、外 1/3 交界处？

____

____

引导问题 4：肩胛骨呈三角形，有____面、____缘、____角。

引导问题 5：肩胛骨上缘薄而短，外侧有一指状突起，称______；内侧缘薄而长，外侧缘肥厚。前面微凹，称______；后面上部有一向外上的横行骨嵴，称______。肩胛骨外侧角粗大，朝向外侧方形成的浅窝称为______。

引导问题：6：肩胛骨上角平对第______肋；下角平对第______肋或第______肋间隙。

引导问题 7：请在图 4-4-1 中，标注出肩峰、关节盂、上缘、内侧缘、外侧缘、上角、下角、外侧角、肩胛冈。

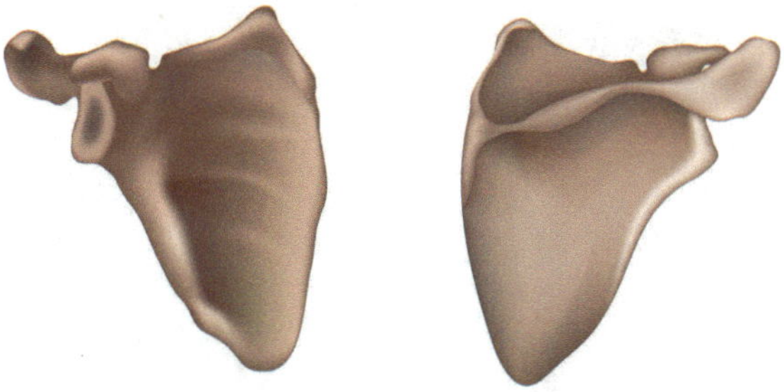

图 4-4-1 肩胛骨

引导问题 8：肱骨上端膨大为半圆球形结构，称______，与肩胛骨的关节盂相关节。

引导问题 9：肱骨头前方的隆起为____________，外侧隆起为______。

引导问题 10：肱骨上端与肱骨体交界处稍细，称______。

进阶任务

临床上骨折好发于外科颈的原因是什么？

____

____

引导问题 11：肱骨中部外侧面有粗糙骨面，为______，是三角肌的附着点。

引导问题 12：肱骨下端前后较扁，外侧有半球形的______，与桡骨相关节；内侧有______，与尺骨相关节。滑车的后面上方有一较深的窝，称______。

进阶任务

1. 肱骨体后外侧有一条自内上斜向外下的浅沟，称桡神经沟，内有桡神经通过。若肱骨中段骨折，有什么临床表现？

2. 肱骨内上髁后方有一浅沟，称尺神经沟，有尺神经通过。肱骨内上髁骨折时易损伤尺神经，有什么临床表现？

____

____

引导问题 13：桡骨位于前臂______侧。尺骨位于前臂______侧。

引导问题 14：尺骨滑车切迹后上方和前下方的隆起分别称______和______。

引导问题 15：请在图 4-4-2 中标注出肱骨、尺骨、桡骨、手骨。

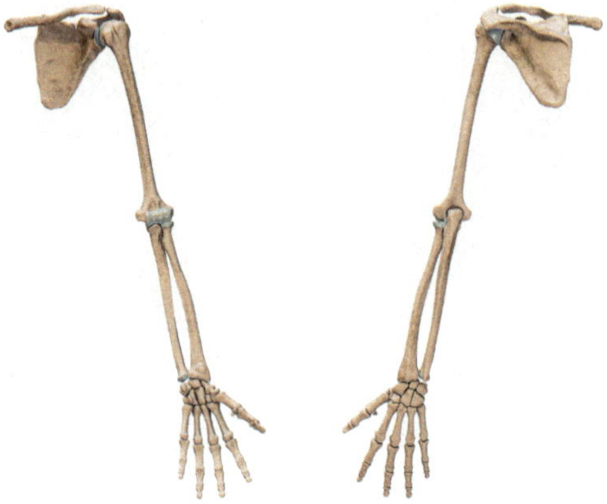

图 4-4-2　上肢骨

上肢骨的连结

子任务 2：描述上肢骨的连结。

引导问题 1：上肢骨的连结包括________、________、________、________和手关节。

引导问题 2：胸锁关节是上肢骨与躯干骨连结的唯一关节，由锁骨的________与胸骨的________构成。关节囊坚韧，囊内有关节盘，可做前、后、上、下、________和环转运动。

引导问题 3：肩锁关节由锁骨的________与肩胛骨________构成，关节活动度较小。

引导问题 4：肩关节由________与________构成。

引导问题 5：肩关节为什么是全身最灵活、运动幅度最大的关节？

____

____

引导问题 6：肩关节可做屈、伸、收、展、________和环转运动。

引导问题 7：肘关节是一个复合关节，包括________、________和________三个关节。

引导问题 8：肘关节能做________、________运动，桡尺近侧关节还参与前臂的旋转运动。

进阶任务

临床上儿童容易发生肘关节脱臼的原因是什么？

____

____

引导问题 9：请在图 4-4-3 中找出肩关节、肘关节、腕关节，并在图上标注出肩关节、肘关节的组成结构。

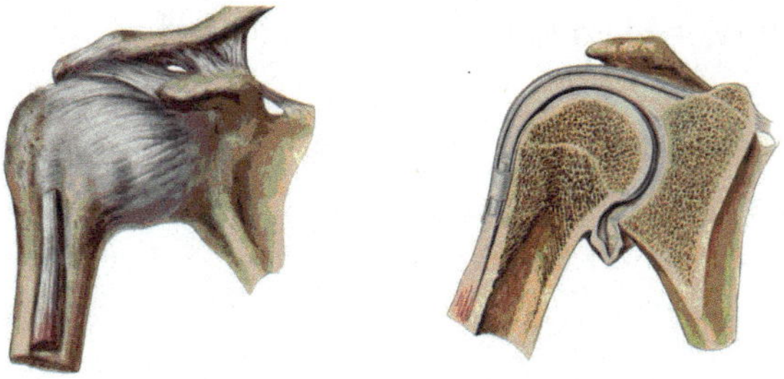

前面观　　　　剖面观

（　　）

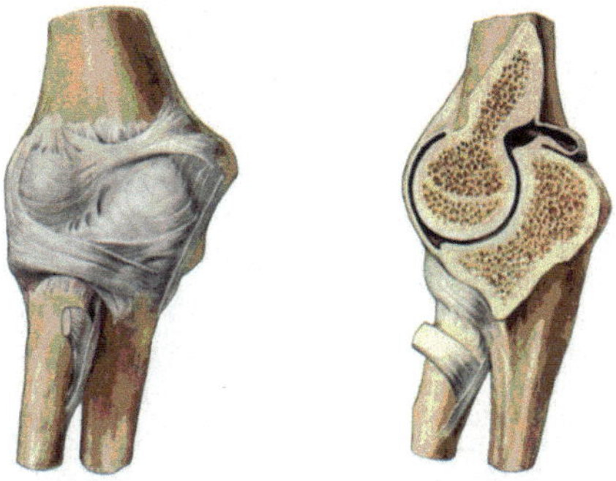

前面观　　　　剖面观

（　　）

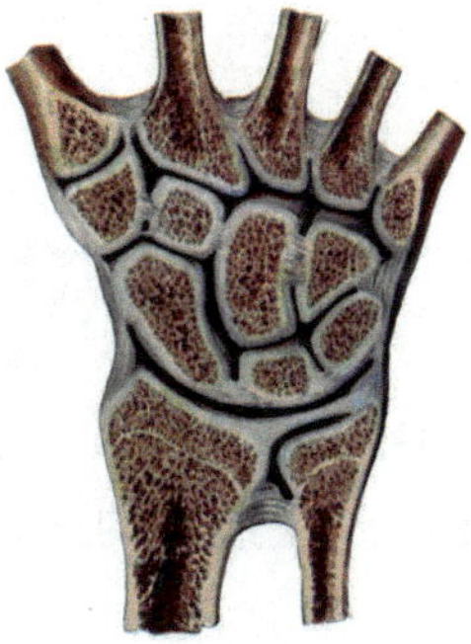

（　　）

图 4-4-3　上肢骨的关节

子任务 3：认识下肢骨。

引导问题 1：下肢骨共____块。包括____、____、____、____、____和足骨。

引导问题 2：髋骨由____、____和____三骨构成。

引导问题 3：幼年时髋骨三骨借软骨相连，16 岁左右时完全骨化融合为一骨，融合处形成较深的____，朝向外下，与股骨头相关节。

引导问题 4：绘制髋骨的结构示意图。

下肢骨的组成

绘制区域

引导问题 5：股骨位于大腿部，是人体最长、最粗的________，约占身长的 1/4。

引导问题 6：股骨上端的球形________与髋臼相关节，其下方稍细的部位称________，其根部外上方的粗糙隆起称________，内下方的突起称股骨小转子。

引导问题 7：全身最大的籽骨是______。

引导问题 8：胫骨位于小腿______侧，腓骨位于小腿______侧。

引导问题 9：请在图 4-4-4 中标注出下肢各组成骨。

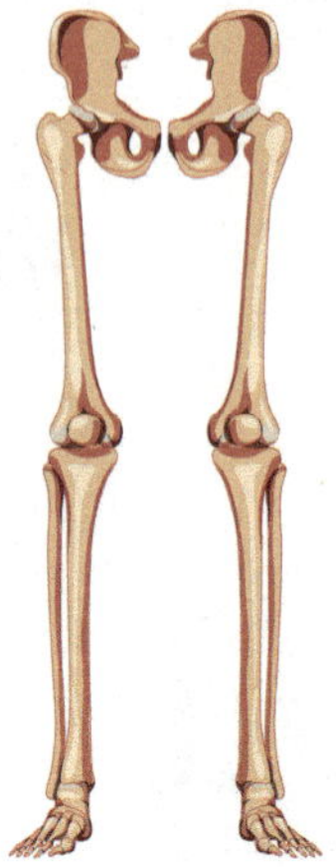

图 4-4-4　下肢骨

下肢骨的连结

子任务 4：认识下肢骨的连结。

引导问题 1：下肢骨的连结包括________、________、________、________、________和足关节。

引导问题 2：骶髂关节由________和________的耳状面构成。

引导问题 3：耻骨联合由两侧__________借耻骨间盘连结而成，上、下缘有韧带加强。

引导问题 4：两侧耻骨之间向下的夹角称______。

引导问题 5：骨盆由______、______和左、右________连结而成，其主要功能是保护骨盆腔内的器官和传递重力等。

引导问题 6：骨盆被骶骨岬、弓状线、耻骨梳、耻骨结节和耻骨联合上缘组成的界线分为上方的______和下方的______。

引导问题 7：骨盆对人体有什么重要意义？

____

____

引导问题 8：根据骨盆的结构特点，区别男、女性骨盆的形态差异。

	男性骨盆	女性骨盆
骨盆形状		
骨盆上口		
骨盆下口		
骨盆腔		
耻骨下角		

引导问题 9：髋关节由________和________构成。

引导问题 10：髋关节的特点有哪些？

____

____

引导问题 11：髋关节能做哪些运动？

____

____

进阶任务

为什么股骨颈骨折后容易发生股骨头坏死？

____

____

引导问题 12：膝关节由________、________和________组成。

引导问题 13：膝关节主要能做________、________运动。

引导问题 14：为什么说膝关节是人体最大、最复杂的关节？

____

____

进阶任务

膝关节中的半月板损伤，会导致哪些临床症状？

____

____

引导问题 15：足关节包括________、跗骨间关节、跗跖关节、跖趾关节及趾骨间关节。

引导问题 16：距小腿关节又称为________。

进阶任务

分析踝关节扭伤多发生在跖屈状态的原因。

____

____

子任务 5：根据任务所学，完成思维导图。

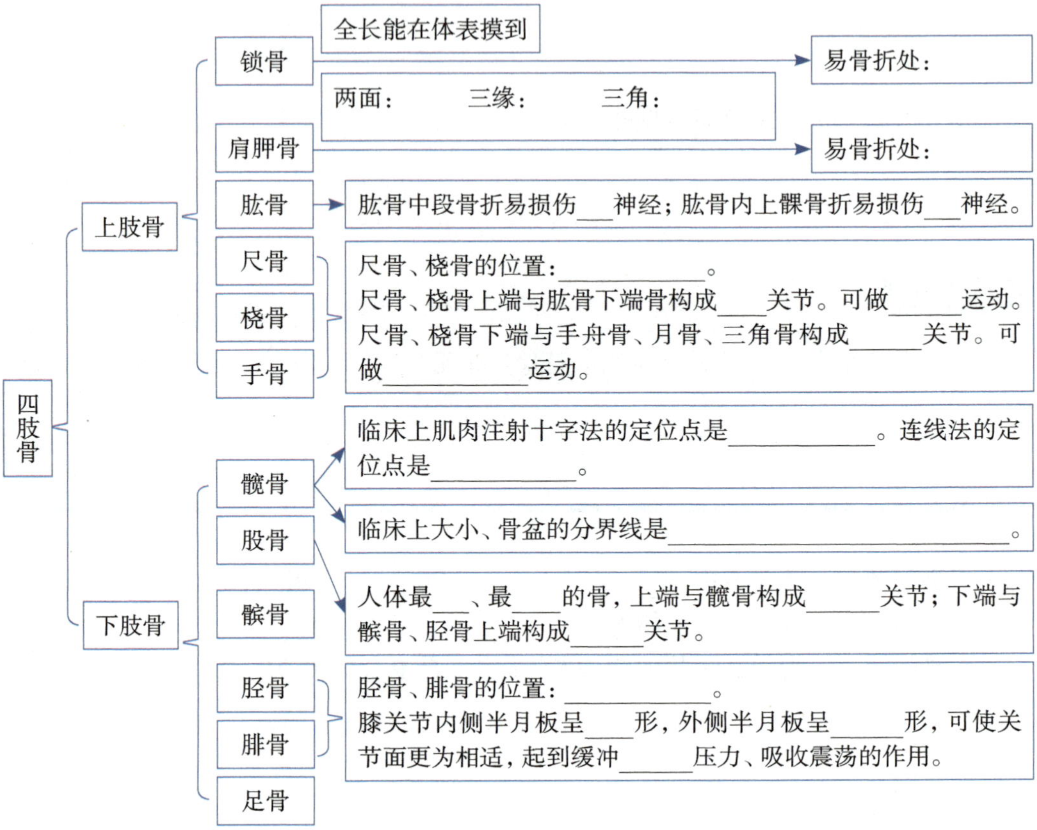

骨和关节的X像

四、知识检测

检测试题　　参考答案

任务五　列举颅骨的组成

一、学习情景

周先生，26 岁，头部外伤 5 小时入院。5 小时前因被硬物击中太阳穴位置，当即昏迷，鼻出血，约半小时后清醒。25 分钟前诉头痛加剧，烦躁不安，呕吐 3 次，呈喷射状且为胃内容物，继而再次昏迷，急诊入院。CT 检查提示右翼点骨折。

二、学习目标

1. 描述脑颅骨和面颅骨的组成；
2. 识别颅的顶面观的三条缝；

3. 说出翼点的概念及临床意义；
4. 列举出新生儿颅骨的特征。

三、任务实施

认识颅骨的组成及其连结。

子任务1：认识颅骨。

引导问题1：颅骨是人体骨骼重要的组成部分，位于头面部，是保护脑组织的骨性结构，共____块，包括后上部分的______颅骨和前下部分的______颅骨两部分。

引导问题2：脑颅骨共______块，共同围成颅腔，容纳和保护脑，包括成对的______和______以及不成对的______、______、______和______。

引导问题3：面颅骨共______块，它们共同形成眶、骨性鼻腔、口腔，容纳视器等，包括成对的______、腭骨、鼻骨、颧骨、下鼻甲和泪骨，以及不成对的______、舌骨和犁骨。

引导问题4：根据颅骨的组成，完善表格。

颅骨的组成	名称	数量
脑颅骨	成对：	
	不成对：	
面颅骨	成对：	
	不成对：	

颅骨及颅骨的观察

子任务2：识别颅骨的整体观。

引导问题1：颅骨的顶面观可见三条缝，位于额骨与顶骨之间的称________，位于两顶骨之间的称________，位于两顶骨与枕骨之间的称________。

引导问题2：颅底内面观可见颅底内面高低不平，由前向后呈阶梯状排列着3个窝，分别称________、________和________。各窝内有许多孔和裂，它们是血管、神经进出颅腔的通道。

引导问题3：颅后窝中央的__________是脑和脊髓相连处。

引导问题4：颅底外面观可见颅底后部中央有____________，其后上方的突起为____________。

引导问题5：请在图4-5-1中标注出颅顶的三条缝。

颅骨的观察

图4-5-1　颅骨的顶面观

子任务 3：认识翼点。

引导问题 1：颅的侧面观见颞窝底部中央有______、______、______、______四骨会合处形成的“H”形骨缝，称______。

引导问题 2：分析临床上翼点骨折易导致颅内出血的原因。

____

____

颅囟

子任务 4：识别颅囟。

引导问题 1：简述颅囟的概念。

____

____

引导问题 2：颅囟可分为前囟和后囟，通过表格完善其区别。

颅囟	位置	形状	闭合时间
前囟			
后囟			

颅骨的连结

进阶任务

囟门关闭不全会有什么后果？

____

____

四、知识检测

检测试题　　参考答案

任务六　认识骨骼肌

一、学习情景

胡某某，男，8 岁，因腓肠肌、前臂肌肉假性肥大，躯干、大腿、后臂肌肉萎缩，走路时经常跌倒入院治疗，诊断为进行性肌营养不良症。特别是最近 2 个多月以来，经常在走路的时候突然跌倒，跌倒之后爬不起来。

二、学习目标

1. 概括肌的形态和构造；
2. 区分肌的辅助装置；
3. 理解肌的起止点。

三、任务实施

认识骨骼肌的分布及功能。

子任务 1：认识骨骼肌的形态、构造和分类。

引导问题 1：每一块骨骼肌都由________和__________两部分构成。

引导问题 2：运动系统叙述的肌全是骨骼肌，按其形态可分为四种，分别是________、__________、________和__________。

肌的形态分类

引导问题 3：将肌的形态与分布进行对比后，完善表格中的内容。

肌的形态	形态特点	分布
长肌		
短肌		
扁肌		
轮匝肌		

引导问题 4：对全身肌肉模型进行观察，在图 4-6-1 中标注出长肌、短肌、扁肌和轮匝肌。

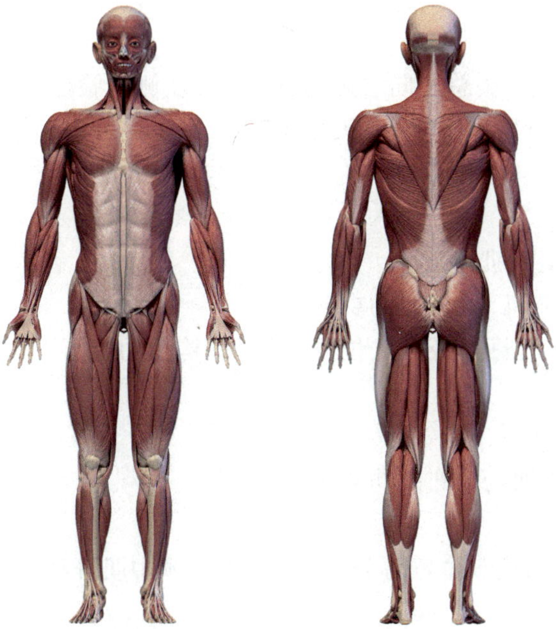

正面观　　背面观

图 4-6-1　全身肌

子任务 2：认识肌的起止、作用和辅助结构。

引导问题 1：简述肌的起点和止点。

____

____

引导问题 2：肌的辅助结构有______、______和______，具有保护和协助肌活动、减少运动时的摩擦等作用。

筋膜

引导问题 3：通过完善表格的形式对两种筋膜的位置、构成和临床应用进行对比。

肌的配布

筋膜	位置	构成	临床应用
深筋膜			
浅筋膜			

四、知识检测

检测试题　　参考答案

任务七　列举颈肌和躯干肌的组成

一、学习情景

张某，2 岁 8 个月，头总是向右侧歪斜，而且左侧的脸也比右侧的脸大。辅助检查：彩超和肌电图无异常。诊断：先天性斜颈。

二、学习目标

1. 描述颈肌、躯干肌的分布；
2. 分析胸锁乳突肌、肋间肌的功能；
3. 列举膈的三个裂孔的名称、位置、穿经结构及功能。

三、任务实施

概括颈肌和躯干肌的分布及功能。

子任务 1：认识颈肌。

引导问题 1：颈肌按其位置可分为颈浅肌群、颈中肌群和颈深肌群。颈浅肌群主要有颈阔肌、________。

颈肌

引导问题 2：颈深肌群包括________、中斜角肌和后斜角肌。

引导问题 3：胸锁乳突肌起自________、锁骨内侧端，两头合并向后上方行走，止于________。

引导问题4：胸锁乳突肌两侧收缩，使头向后______；单侧收缩，使头屈向同侧，面转向______。

引导问题5：胸锁乳突肌位置表浅，是重要的______标志。

头颈肌

进阶任务

1. 导致新生儿先天性斜颈的原因可能是什么？
2. 先天性斜颈有什么临床表现？

____

____

子任务2：识别躯干肌。

引导问题1：躯干肌包括______、______、______、______和______。

引导问题2：斜方肌位于项部和背上部浅层，呈三角形，两侧合并为______形。起自______、项韧带和全部胸椎棘突，止于______、肩峰和肩胛冈。收缩时使肩胛骨向________靠拢。

引导问题3：背阔肌为全身面积最大的______，位于背的下部及胸的后外侧，呈三角形。

引导问题4：背阔肌起自__________和________的棘突和髂嵴后部，止于肱骨小结节下方。收缩时可使肩关节________、________和________。当上肢上举固定时，可做________。

背肌

引导问题5：竖脊肌为背部________的骨骼肌，位于脊柱两侧的背纵沟内。

引导问题6：竖脊肌起自________背面和________后部，止于椎骨、肋骨和颞骨乳突。一侧收缩使脊柱________，两侧收缩使脊柱________，是维持人体__________姿势的重要骨骼肌。

引导问题7：胸肌主要有________和________。

引导问题8：胸大肌位于胸壁浅层，呈扇形，覆盖胸廓前壁的大部，收缩可使________内收、旋内、前屈；上肢固定时，可上提躯干，与背阔肌一起完成引体向上，并协助________。

胸肌

引导问题9：肋间肌分为________和________。

引导问题10：肋间外肌位于肋间隙的浅层，起自肋骨下缘，止于下一肋骨上缘，收缩时________。

引导问题11：肋间内肌位于肋间外肌深面，起自下位肋上缘，止于上一肋骨下缘，收缩时________。

进阶任务

根据相关知识点，完成下列内容。

肌肉	位置	形态	功能	损伤后的表现
斜方肌				
背阔肌				
竖脊肌				
胸大肌				

膈

引导问题12：膈位于胸腔和腹腔交界处，是一块向上的穹隆状______。周围为肌性部，起自胸廓下口周缘及腰椎前面，肌束向中央移行为腱膜，称______。

引导问题13：膈的三个裂孔为________、________和________。

引导问题14：简述膈的每个裂孔所穿经的结构。

____

____

引导问题15：概括膈的功能。

____

____

腹肌

引导问题16：腹肌可分为前外侧群和后群两部分，前外侧群主要包括________、________、________和________。

引导问题17：腹外斜肌位于腹前外侧壁浅层，起自下8肋的外面，在腹直肌外侧移行为腱膜，参与形成腹直肌鞘前层，至腹正中线终于白线，腱膜下缘卷曲增厚连于髂前上棘和耻骨结节之间，形成________。

引导问题18：男性腹内斜肌和腹横肌下部发出一些细散的肌束，包绕精索和睾丸，称________。

引导问题19：概括腹肌的功能。

____

____

子任务3：在图4-7-1、图4-7-2、图4-7-3、图4-7-4中标注出胸锁乳突肌、斜方肌、竖脊肌、背阔肌、胸大肌、膈、腹直肌、腹外斜肌、腹内斜肌、腹横肌、腹股沟韧带。

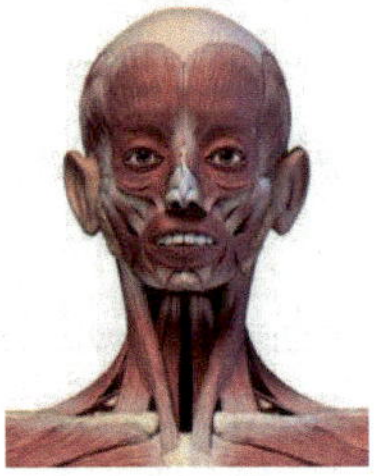

图4-7-1　颈肌

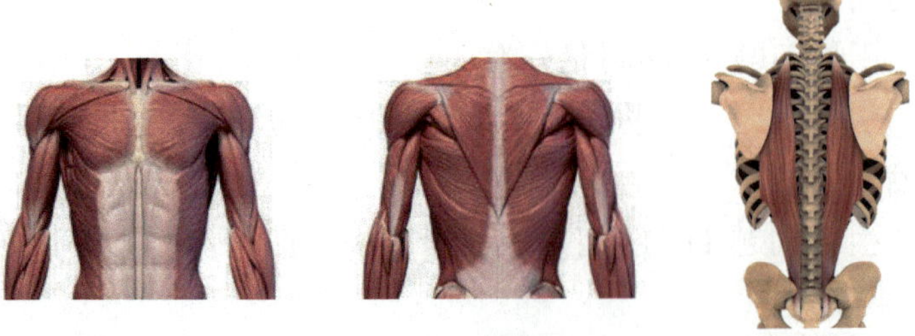

正面观　背面观　深层背肌

图4-7-2　胸、背肌

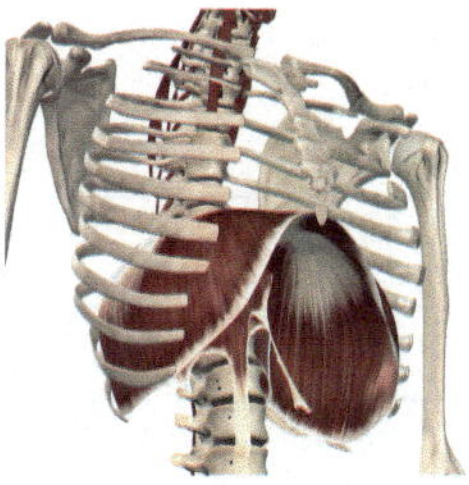

图 4-7-3　膈

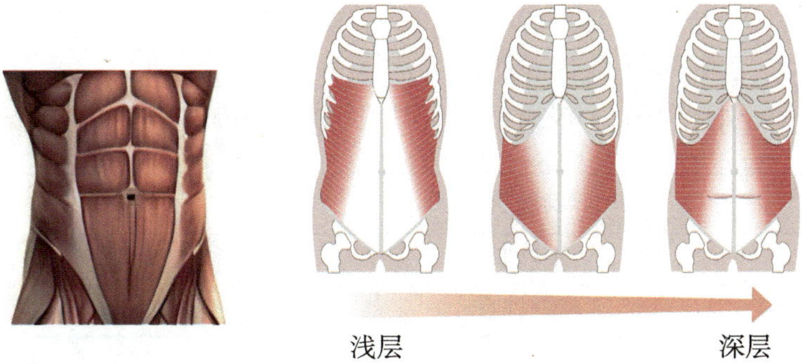

图 4-7-4　腹肌

子任务 4：根据任务所学知识，完成颈肌和躯干肌的思维导图。

绘制区域

四、知识检测

检测试题　　参考答案

任务八　列举四肢肌的组成

一、学习情景

王某，女，38 岁。主诉：胃部胀满不适。医嘱：胃复安 10 mg 肌肉注射。临床常用的肌肉注射部位为臀大肌，其次为臀中肌、臂小肌、股外侧肌及三角肌。

二、学习目标

1. 描述四肢肌的分布；
2. 概述四肢肌的功能；
3. 概括三角肌、臀大肌的临床意义。

三、任务实施

概述四肢肌的分布及功能。

四肢肌的组成

子任务 1：理解四肢肌。

引导问题 1：四肢肌包括________和________。

引导问题 2：根据相关知识，完成下列内容。

四肢肌	组成
上肢肌	
下肢肌	

子任务 2：认识上肢肌。

肩肌

引导问题 1：肩肌位于肩关节周围，包括________、冈上肌、冈下肌、大圆肌、小圆肌、肩胛下肌等。

引导问题 2：三角肌呈三角形，位于________，起自锁骨外侧、肩峰和肩胛冈，肌束从____________三面包绕肩关节，止于肱骨的三角肌粗隆。

引导问题 3：腋神经受损可致________瘫痪萎缩。

进阶任务

三角肌前后部的深面均有较大血管和神经走行，如前部有胸肩峰动脉、头静脉，后部有旋肱后动脉、腋神经、桡神经，中部深面无重要的血管和神经。请结合该知识点，分析三角肌的临床应用。

____

____

臂肌、前臂肌和手肌

引导问题 4：臂肌的前群包括________、________和喙肱肌，主要为肱二头肌。

引导问题 5：肱二头肌位于臂的前面浅层，呈梭形，有长、短两头。长头起自肩胛骨________，短头起自肩胛骨喙突，两头向下合并形成一个肌腹，过肘关节前方，止于________。

引导问题 6：肱二头肌的主要功能是________。

引导问题 7：肱三头肌位于臂的后面。它有三个头，长头起自肩胛骨________，内、外侧头起自肱骨背面，三头合成肌腹，以扁腱止于________。

引导问题 8：肱三头肌收缩时________肘关节，还能内收、后伸肩关节。

子任务 3：认识下肢肌。

髋肌

引导问题 1：髋肌位于髋关节周围，主要运动______。

引导问题 2：髋肌可分前、后两群。前群主要有髂腰肌，可使髋关节______和______。后群包括______、______、______和梨状肌等。

下肢肌

引导问题 3：臀大肌位于臀部浅层，大而宽厚，主要作用是使髋关节______和______，直立时可防止身体前倾，维持身体平衡。

引导问题 4：在臀大肌______1/4 处深面无重要血管和神经，为临床常用的______部位。

进阶任务

分析临床选择臀大肌作为肌肉注射首选部位的原因。

____

____

引导问题 5：大腿肌前群包括______和______。

引导问题 6：全身最长的肌是______。

引导问题 7：全身体积最大的肌是______。

引导问题 8：股四头肌有四个头，为______、______、______和股中间肌。

引导问题 9：股四头肌内侧群有耻骨肌、长收肌、股薄肌、短收肌和大收肌五块。它们的共同作用是__________。

引导问题 10：股四头肌后群包括股二头肌、半腱肌和半膜肌三块，位于大腿后面。其主要作用为______、______。

引导问题 11：小腿肌后群浅层有______和______。

引导问题 12：腓肠肌和比目鱼肌合称______，止于跟骨结节。该肌可______踝关节，______膝关节。

子任务 4：在图 4-8-1 中标注出三角肌、肱二头肌、肱三头肌、臀大肌、缝匠肌、股四头肌、腓肠肌和跟腱。

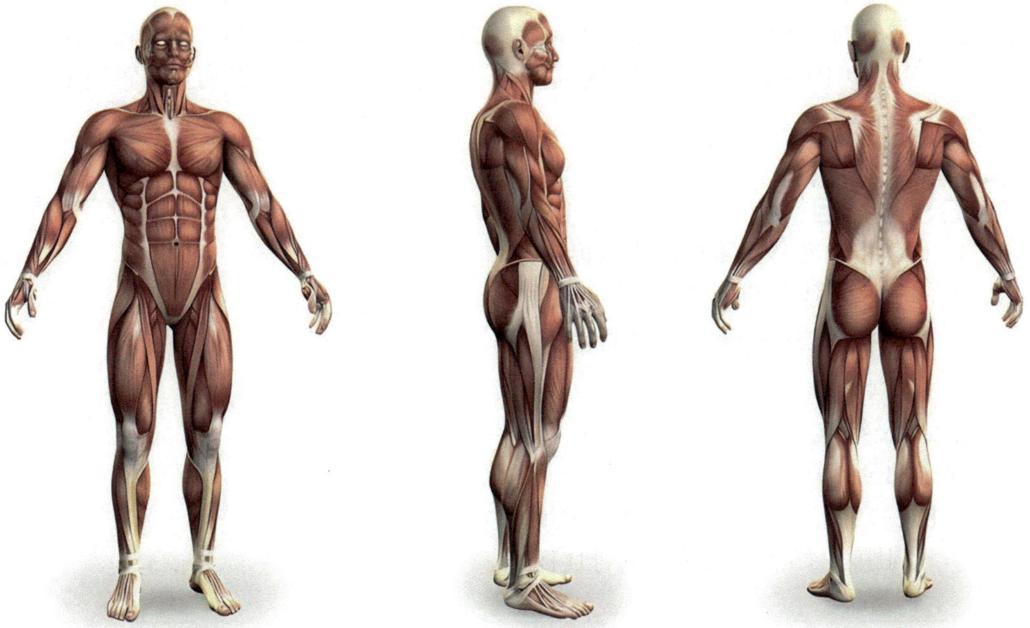

图 4-8-1　全身肌

子任务 5：根据任务所学，完成四肢肌的思维导图。

绘制区域

四、知识检测

检测试题　　参考答案

任务九　识别全身骨性标志

一、学习情景

人体体表标志在临床中应用广泛，有十分重要的意义。在实际工作中，有些医生对人体体表标志的定位不准确，导致治疗延误或错过最佳抢救时机，轻者造成患者痛苦，重者可能导致患者出现生命危险。因此我们需要正确识别全身重要的骨性标志。

二、学习目标

1. 正确指出颅骨上重要的骨性标志；
2. 正确指出躯干骨上重要的骨性标志；
3. 正确指出四肢骨上重要的骨性标志。

三、任务实施

能识别全身骨性标志。

子任务 1：正确指出头部的重要骨性标志。

引导问题 1：归纳头部重要的骨性标志。

引导问题 2：在图 4-9-1、图 4-9-2 中标注出翼点、乳突、颧弓、下颌角、枕外隆凸。

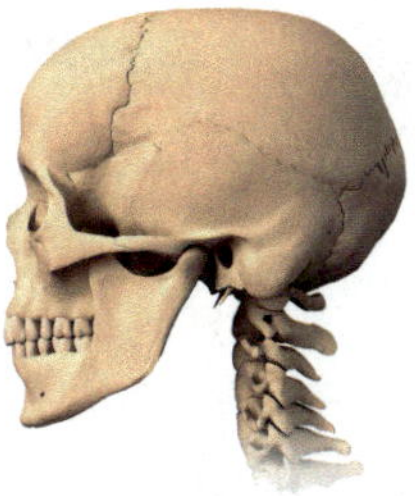

侧面观

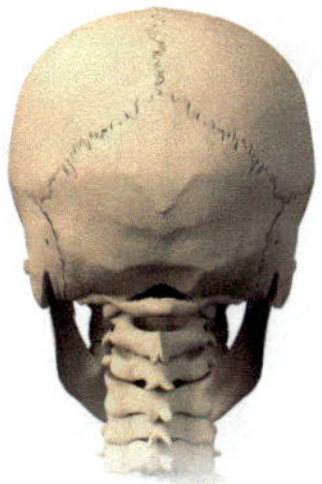

后面观

图 4-9-1　颅骨

引导问题 3：说出翼点的临床意义。

子任务 2：正确指出躯干部的重要骨性标志。

引导问题 1：归纳躯干部的重要骨性标志。

引导问题 2：在图 4-9-2 中标注出第 7 颈椎棘突，在图 4-9-3 中标注出胸骨角、颈静脉切迹、剑突、肋弓、胸骨下角。

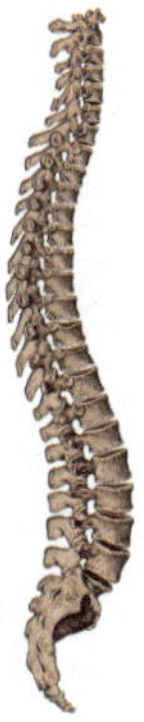

图 4-9-2　脊柱侧面观

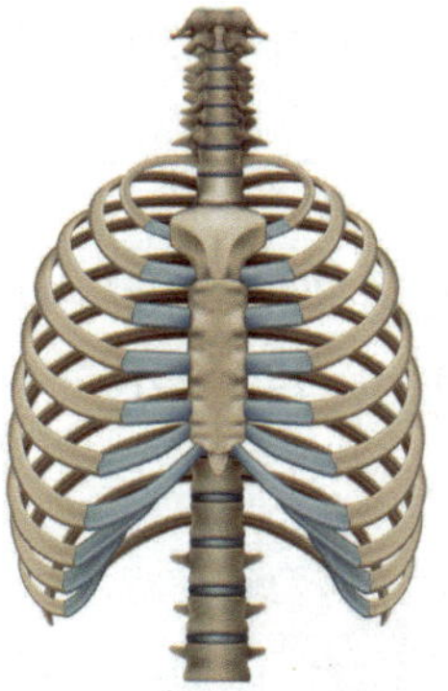

图 4-9-3　胸廓的外形

引导问题 3：说出第 7 颈椎棘突、胸骨角的临床意义。

子任务 3：正确指出上肢骨的重要骨性标志。

引导问题 1：归纳上肢骨的重要骨性标志。

引导问题 2：在图 4-9-4 中标注出锁骨的肩峰端、胸骨端，在图 4-9-5 中标注出肩峰、喙突、肩胛冈、肩胛下角，在图 4-9-6 中标注出肱骨内上髁、肱骨外上髁、鹰嘴、尺骨茎突、桡骨茎突。

图 4-9-4　锁骨

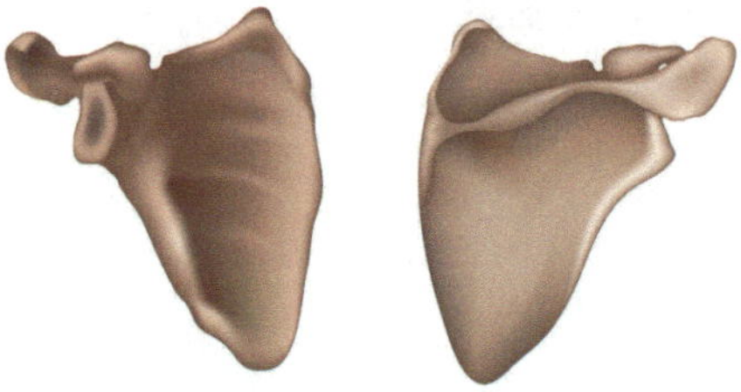

图 4-9-5　肩胛骨

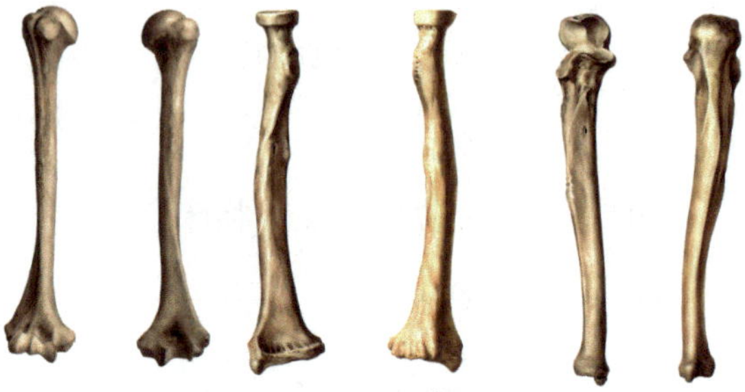

图 4-9-6　上肢骨

引导问题 3：说出肱骨内上髁、肱骨外上髁、鹰嘴在屈肘、伸肘时的位置关系。

子任务 4：下肢骨的重要骨性标志。

引导问题 1：归纳下肢骨的重要骨性标志。

引导问题 2：在图 4-9-7 中标注出髂嵴、髂前上棘、耳状面、弓状线、耻骨结节、髋臼、股骨头、大转子、小转子、内踝和外踝。

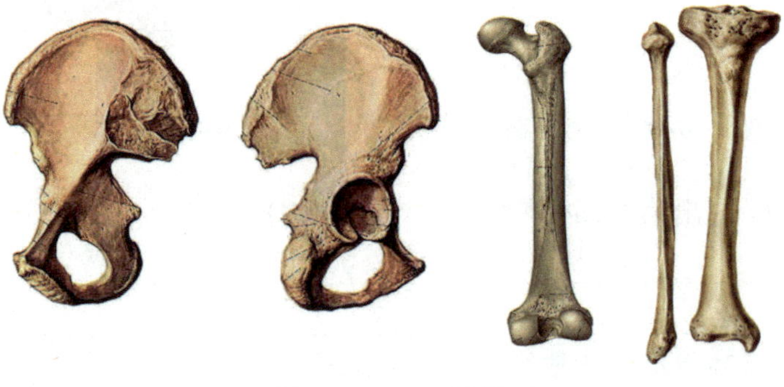

图 4-9-7　下肢骨

引导问题 3：举例说明髂前上棘的临床应用。

全身重要的骨性标志

四、知识检测

检测试题　　参考答案

任务十　识别全身肌性标志

一、学习情景

张某，女，58 岁，2012 年开始右臂肌肉不受控制地跳动、麻木，后举起困难，肩胛部分肌肉开始萎缩，抓握力度正常。辅助检查：颈椎 CT 示颈椎间盘膨出，右臂肌电图结果示右肱二头肌、右三角肌呈神经源性损害。为了明确诊断，需要患者配合运动其右侧肱二头肌和三角肌。你怎样帮助患者准确找到该肌肉？

二、学习目标

1. 识别头颈部的重要肌性标志；
2. 识别躯干部的重要肌性标志；
3. 识别四肢的重要肌性标志。

三、任务实施

识别全身重要的肌性标志。

子任务 1：识别头颈部的重要肌性标志。

引导问题 1：归纳头颈部重要的肌性标志。

引导问题 2：在图 4-10-1 中标注出咬肌、颞肌、胸锁乳突肌。

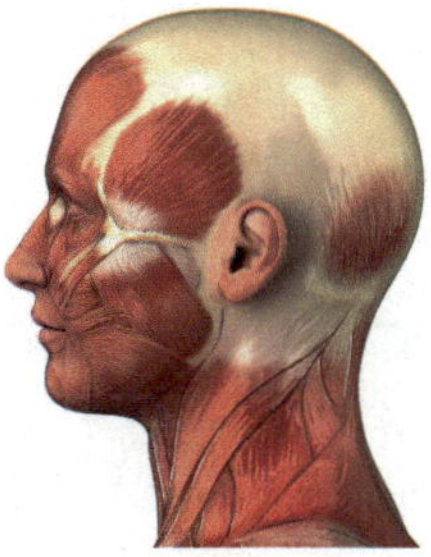

图 4-10-1　头、颈肌

引导问题 3：列举咬肌的临床运用。

进阶任务

面瘫是什么原因导致的？面瘫有什么临床表现？

子任务 2：指出躯干部的重要肌性标志。

引导问题 1：归纳躯干部的重要肌性标志。

引导问题 2：在图 4-10-2 中标注出斜方肌、背阔肌、胸大肌、腹直肌、腹外斜肌。

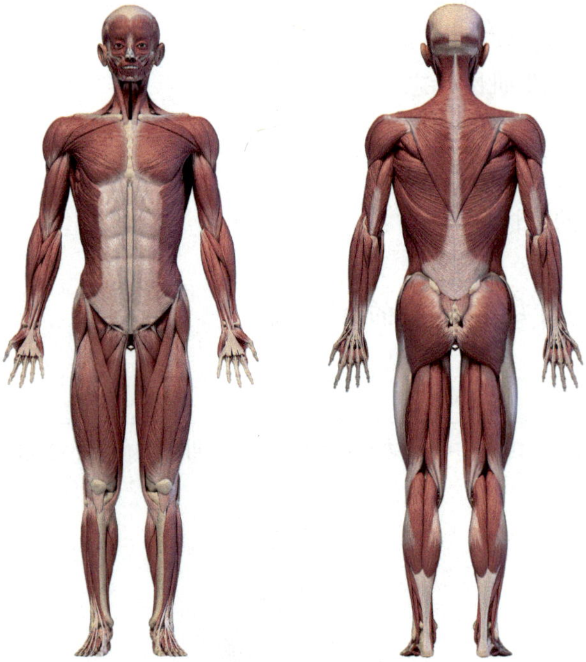

图 4-10-2　全身肌

引导问题 3：肩周炎累及哪些肌肉？

子任务3：识别上肢肌的重要肌性标志。

引导问题1：归纳上肢肌的重要肌性标志。

引导问题2：在图4-10-2中标注出三角肌、肱二头肌、肱三头肌、肱肌、掌长肌。

进阶任务

若人体肱二头肌损伤，会导致哪些临床表现？

子任务4：识别下肢肌的重要肌性标志。

引导问题1：归纳下肢肌的重要肌性标志。

引导问题2：在图4-10-2中标注出臀大肌、股四头肌、缝匠肌、小腿三头肌和跟腱。

引导问题3：简述跟腱的临床意义。

全身重要的肌性标志

四、知识检测

检测试题

参考答案

任务十一 绘制胸部标志线和腹部分区

一、学习情景

肖某，40岁，右下腹持续性隐痛3天，满腹痛6小时急诊入院，起病后呕吐2次胃内容物，小便正常，大便2天未解。查体：神清，痛苦面容，巩膜未见黄染，心肺检查（-），腹稍膨隆，满腹压痛、反跳痛、肌紧张，以右下腹为甚，移动性浊音。腹穿抽出黄色混浊液体2 mL。诊断为急性阑尾炎穿孔引起急性弥漫性腹膜炎。

二、学习目标

1. 运用胸部标志线对胸腔内脏器进行定位；
2. 运用腹部标志线对腹腔内脏器进行定位。

三、任务实施

认识胸部标志线和腹部分区。

胸部标志线

子任务 1：认识胸部标志线。

引导问题 1：沿身体前面正中作的垂直线是________。

引导问题 2：胸骨线是沿________最宽处外侧缘作的垂直线。

引导问题 3：锁骨中线是经________向下作的垂直线。

引导问题 4：经胸骨线与锁骨中线之间连线中点作的垂直线是________。

引导问题 5：腋前线是沿________向下作的垂直线。

引导问题 6：腋后线是沿________向下作的垂直线。

引导问题 7：腋中线是沿腋前、后线之间________作的垂直线。

引导问题 8：肩胛线是经________作的垂直线。

引导问题 8：后正中线是沿身体后面________作的垂直线。

引导问题 9：通过对胸部标志线的学习，绘制胸部标志线示意图。

绘制区域

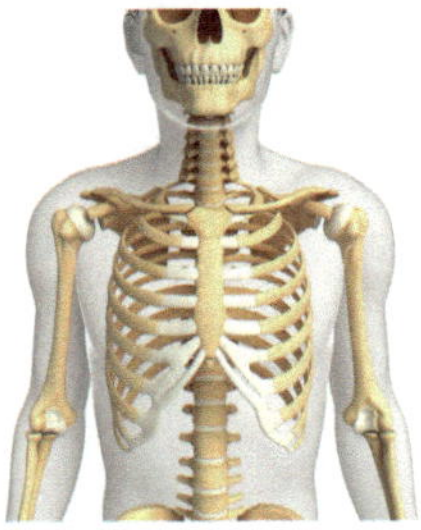

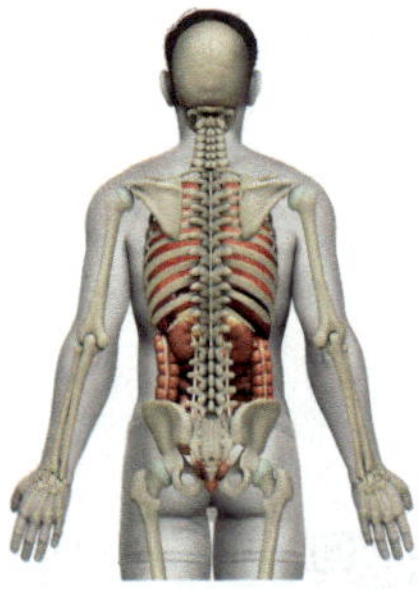

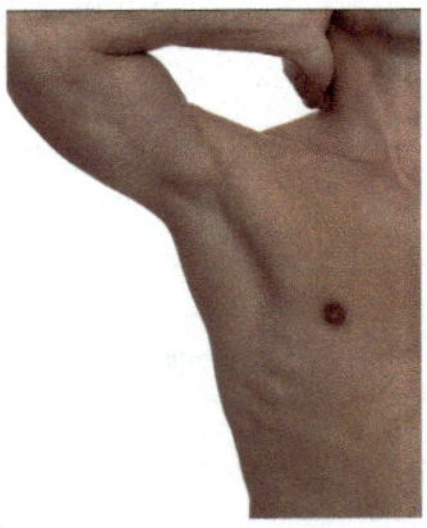

子任务 2：区分腹部分区。

引导问题 1：为了描述腹腔器官的位置，可将腹部分成若干区域。通过 2 条横线和 2 条纵线将腹部划分为______区域。

引导问题 2：上横线是通过两侧______最低点所作的连线。

引导问题 3：下横线是通过两侧______的连线。

引导问题 4：上横线和下横线将腹部分为______、______、______3 部分。

引导问题 5：2 条纵线是通过左、右________所作的垂线。

引导问题 6：九区包括上腹部的________、________和________，中腹部的________、________和________，下腹部的________、________和________。

引导问题 7：临床常用的简便方法，是通过脐作一水平线和一垂直线，将腹部分为______、______、______、______4 个区。

引导问题 8：通过对腹部标志线的学习，分别绘制腹部九分区示意图。

绘制区域

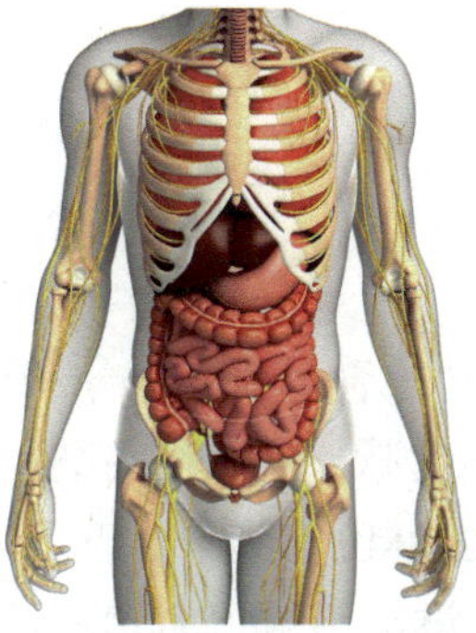

引导问题 9：列举腹部九分法中每个区域所对应的器官。

胸腹部标志线及腹部分区

四、知识检测

检测试题　　参考答案

项目五
循环系统

循环系统是人体内一套密闭的管道系统，分布于全身，包括心血管系统和淋巴系统两部分。心血管系统由心、动脉、静脉和毛细血管组成，内有血液循环流动，主要功能是物质运输。淋巴系统由淋巴管道、淋巴器官和淋巴组织组成，内有淋巴流动，是心血管系统的辅助系统。淋巴沿淋巴管道向心流动，最后汇入大静脉，故可将淋巴管道视为静脉的辅助管道。

学习目标

学生通过学习达成以下目标：

素质目标	1. 具备严谨求实的工作态度； 2. 具备做事细致、谨慎，关爱患者的职业素养。
知识目标	1. 掌握血液循环的途径，冠状动脉分布的主要范围，身体各部位的动脉主干和临床进行注射、输液、输血等操作常选用的静脉，血压的概念及正常值； 2. 理解心动周期、心率、心输出量、搏出量的定义和心肌细胞的生理特性，回心血量的影响因素，微循环的三条血流通路及其生理意义； 3. 熟悉心脏各腔室的出口、入口及出口上的瓣膜，心脏兴奋传导的路径，外周静脉压和中心静脉压的概念； 4. 了解动脉、静脉和毛细血管的结构特点，心包的构成，第一心音和第二心音的特点，淋巴系统、淋巴管道、淋巴器官的组成和功能。
能力目标	1. 能指出心尖的体表投影，正确辨认心尖、心底、胸肋面、膈面、冠状沟、前室间沟、后室间沟、心的各腔室； 2. 能分析出心脏泵血时各心腔内压力、瓣膜、心室容积、血流方向的变化情况及前负荷、后负荷、心肌收缩力、心率对心输出量的影响情况； 3. 能在人体上准确指出全身常用的摸脉点和止血部位及临床进行注射、输液、输血等常选用的静脉； 4. 能分析出每搏输出量、心率、外周阻力、循环血量、血管容积、大动脉管壁弹性对动脉血压的影响情况； 5. 能运用组织液生成和回流的原理解释临床组织水肿的发病机制； 6. 能对冠心病、心肌炎、心瓣膜病、心律失常、高血压等患者进行健康指导； 7. 能分析出交感神经、迷走神经、肾素-血管紧张素系统对心血管系统的调节； 8. 能在人体上准确指出浅表淋巴结存在的主要位置。

任务一　绘制血液循环路径

一、学习情景

患者，女，24 岁。1 个月前左大腿内侧剧烈疼痛，压痛明显，伴左下肢肿胀、发绀、发冷，诊断为“左下肢深静脉血栓形成”，经 20 余天卧床休息、抬高患肢等处理，左下肢疼痛减轻，但肿胀仍明显，拟出院继续观察。后起床时突然心跳、呼吸停止，抢救无效死亡。最终死亡原因为下肢深静脉血栓大块脱落，引发致死性肺栓塞。

二、学习目标

1. 能正确说出循环系统的组成；
2. 能区别动脉、静脉和毛细血管；
3. 能正确描述血液循环的路径。

三、任务实施

绘制血液循环的路径图。

子任务 1：认识心血管系统的组成。

引导问题：对心血管系统模型进行观察，将心血管系统的组成器官绘入下面区域。

心血管系统的组成

绘制区域

子任务 2：区别动脉、静脉和毛细血管。

引导问题 1：请在图 5-1-1 中辨认出动脉、静脉和毛细血管。

(　　)　　(　　)　　(　　)

图 5-1-1　血管

血管吻合及侧支循环

引导问题 2：结合图 5-1-1 分析动脉、静脉和毛细血管的结构特点。

区别点	动脉	静脉	毛细血管
管壁			
管腔			
组成			
特点			

引导问题 3：请根据动脉、静脉和毛细血管的结构特点，分析他们的生理功能。

血液循环

子任务 3：正确绘制血液循环路径图。

引导问题 1：观察血液循环模型，绘制血液循环路径图。

绘制区域

引导问题 2：分析肺循环和体循环的区别。

区别	肺循环	体循环
起点		
终点		
路径		
功能		

进阶任务

结合血液循环路径图和血管结构特点，分析下肢深静脉血栓会导致肺栓塞的原因。

四、知识检测

检测试题　　参考答案

任务二　认识心脏的结构特点

一、学习情景

患者，男，52 岁。反复气促、胸闷、下肢水肿 7 年，加重伴夜间端坐 1 年，诊断为“风湿性心瓣膜病”。入院后查体：体温 36.8 ℃，心率 60 次 /min，呼吸 24 次 /min，血压 90/60 mmHg。心界左下扩大，心尖搏动弥散，胸骨左缘第 3、4 肋间可闻及 3/6 级收缩期喷射样杂音，三尖瓣区可闻及 2/6 级吹风样收缩期杂音。胸部超声心动图检查示左房室增大，二尖瓣稍增厚，开放不受限，轻度二尖瓣关闭不全；主动脉瓣明显增厚，开放受限，并见轻度主动脉瓣关闭不全；右房室增大，见中重度三尖瓣关闭不全。

二、学习目标

1. 能指出心尖的体表投影；

2. 能在模型上正确辨认心尖、心底、胸肋面、膈面、冠状沟、前室间沟、后室间沟和心的腔室；

3. 能说出心脏各腔室的出口、入口及出口上的瓣膜。

三、任务实施

认识心脏的结构特点。

子任务 1：画出心脏的位置，指出心脏毗邻的器官。

引导问题 1：请观察图 5-2-1，列出心脏毗邻的器官。

心的位置

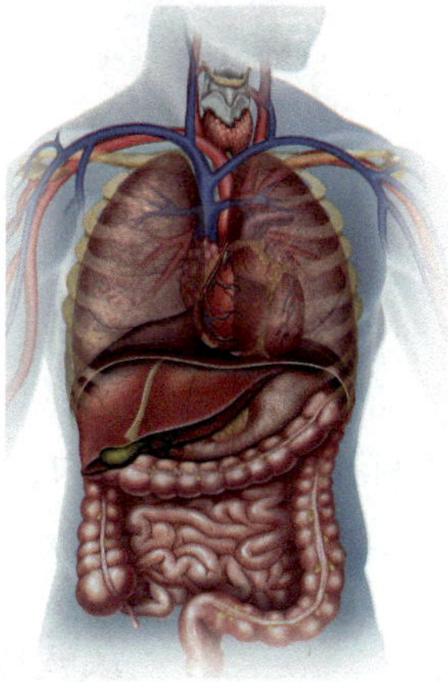

图 5-2-1　心脏的位置

位置	心脏毗邻的器官
前方	
后方	

续表

位置	心脏毗邻的器官
上方	
下方	
两侧	

引导问题 2：在图 5-2-2 中画出心脏。

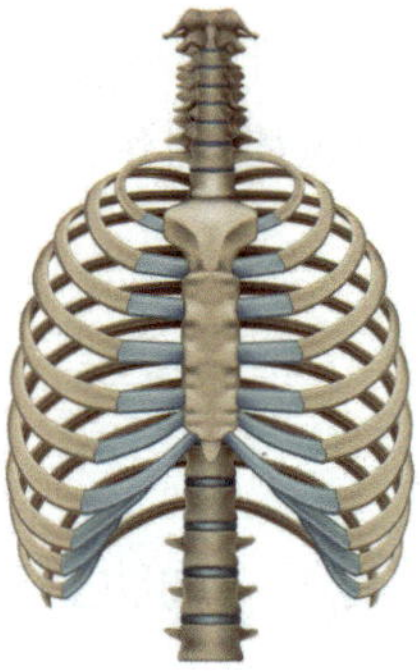

图 5-2-2　胸部示意图

心的外形

子任务 2：认识心的外形。

引导问题 1：请在图 5-2-3 中标出心脏的各个面。

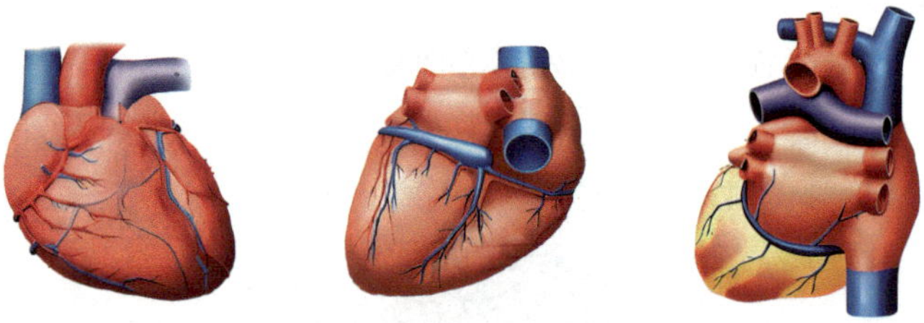

（　　）　（　　）　（　　）

图 5-2-3　心脏的面

引导问题 2：在图 5-2-4 中标出心尖、冠状沟、前室间沟、后室间沟、右心耳和左心耳。

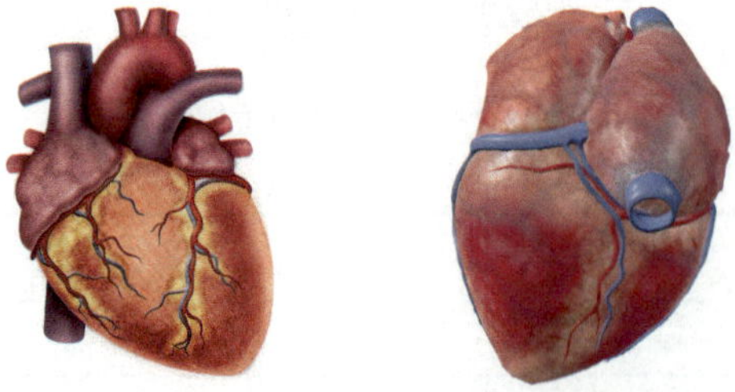

图 5-2-4　心

子任务3：认识心的腔室。

引导问题1：观察心脏模型，在图5-2-5中标出左心房、左心室、右心房、右心室、房间隔、室间隔、卵圆窝、室间隔膜部。

心的腔室

房间隔缺损

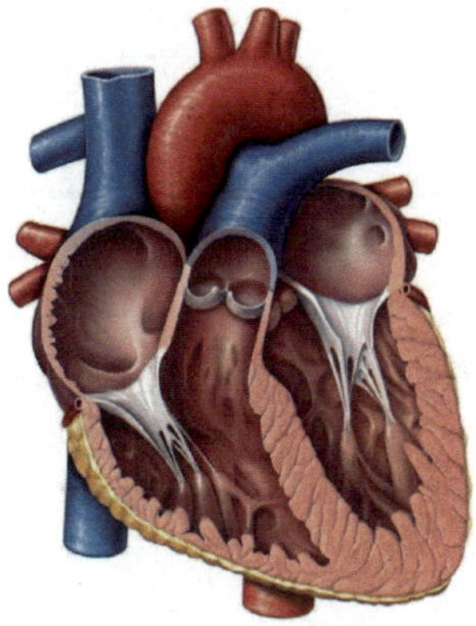

图5-2-5　心脏的腔室

引导问题2：观察心脏模型，列出心脏各腔室的出入口。

心的腔室	入口	出口
右心房		
右心室		
左心房		
左心室		

引导问题3：心脏各腔室的出口周缘都有瓣膜，请在图5-2-5中标出各瓣膜的名称，并依据图5-2-6心脏瓣膜的形态特点分析出瓣膜的生理意义。

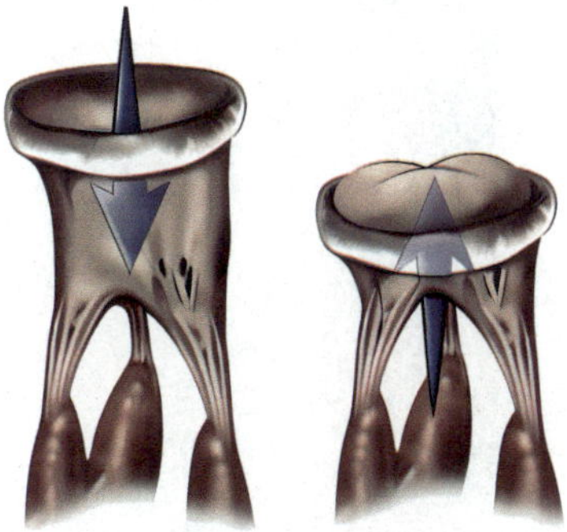

图5-2-6　心脏瓣膜

进阶任务

请结合心脏瓣膜的生理意义，分析案例中患者出现心悸、呼吸困难、心界向左下扩大的病理机制。

子任务4：认识心壁和心包。

心壁和心包

心纤维性支架

引导问题1：在图5-2-7中标出心内膜、心肌和心外膜。

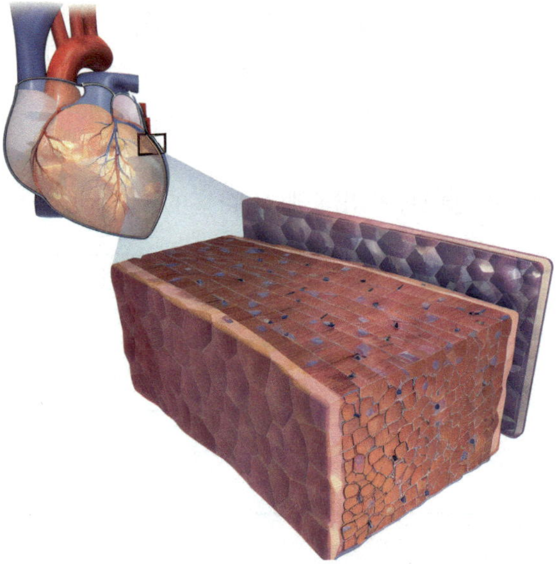

图5-2-7　心脏壁

引导问题2：在图5-2-8中标出纤维心包、浆膜心包和心包腔。

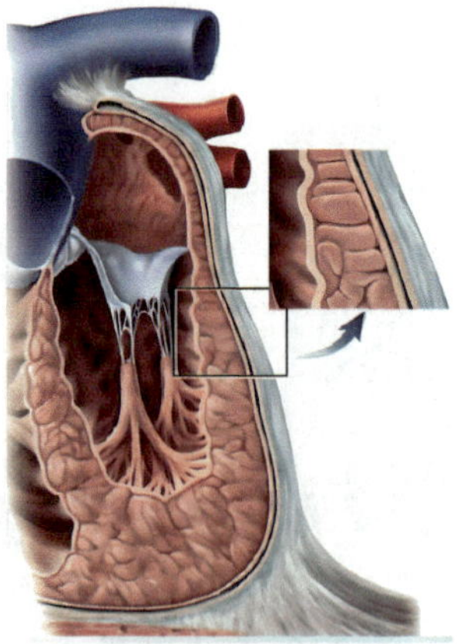

图5-2-8　心包

四、知识检测

检测试题　　参考答案

任务三　认识心的血管和冠脉循环

一、学习情景

患者，男，62 岁。7 年来反复出现劳累后心前区绞榨样疼痛，休息或舌下含服硝酸甘油后 3～5 min 疼痛缓解。近 1 个月来疼痛发作次数增多，与劳累无明显关系，舌下含服硝酸甘油后疼痛缓解所需时间逐次延长。心电图检查示：窦性心律，ST 段压低，呈缺血性改变。冠状动脉造影结果提示：冠状动脉前降支两处狭窄，狭窄程度 75%，后降支中段狭窄 80%。以“冠心病，不稳定型心绞痛”收治入院。

二、学习目标

1. 能指出冠状动脉及其主要分支；
2. 能描述左、右冠状动脉分布的主要范围。

三、任务实施

认识心的血管和冠脉循环。

子任务 1：准确辨认心的血管。

心的血管

引导问题：请在图 5-3-1 中正确标记心脏的主要血管，包括左冠状动脉、右冠状动脉、前室间支、旋支、后室间支和冠状窦。

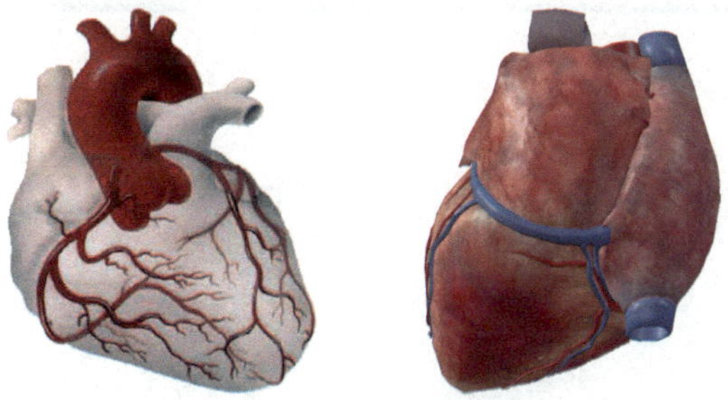

图 5-3-1　心的血管

子任务 2：描述左、右冠状动脉分布的主要范围。

引导问题：请认真观察左冠状动脉和右冠状动脉的走行，总结出它们的分布范围。

左冠状动脉的分布范围：____。

右冠状动脉的分布范围：______________________________。

进阶任务

请结合冠状动脉各分支分布的主要范围，分析案例中患者哪些部位的心肌细胞处于缺血、缺氧状态。

____

____

子任务 3：认识冠脉循环。

引导问题：请结合子任务 1 和血液循环路径，推导出冠脉循环路径。

冠脉循环

进阶任务

心脏中毛细血管数和心肌纤维数之比可达 1 ∶ 1。当心脏负荷过重，心肌细胞发生代偿性肥厚时，肌纤维直径增大，但毛细血管数量并不相应增加，请问这会引发什么后果？

____

____

四、知识检测

检测试题　　参考答案

任务四　认识心的传导系统

一、学习情景

患者，女，45 岁。反复发作性黑蒙 4 个月。4 个月前开始无明显诱因出现阵发性胸闷、憋气、乏力伴黑蒙，活动后明显，休息后可好转。心电图检查示：窦性心律，Ⅲ度房室传导阻滞。诊断为“心律失常，Ⅲ度房室传导阻滞”，收治入院。

二、学习目标

1. 能指出窦房结的位置和生理意义；
2. 能描述心脏兴奋传导的路径。

三、任务实施

认识心的传导系统。

子任务 1：认识窦房结和房室结。

引导问题 1：请在图 5-4-1 中正确标记窦房结、房室结。

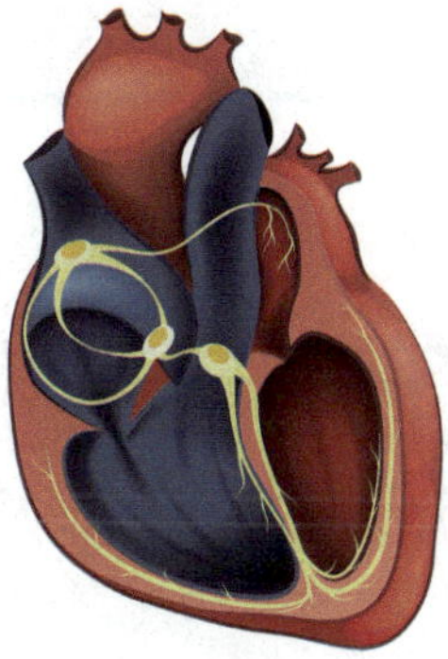

图 5-4-1　心的传导系统

引导问题 2：根据图 5-4-1，窦房结位于__________与__________之间的心外膜深面，呈__________形，是心的__________起搏点；房室结位于__________与__________之间的心内膜深面，呈__________形，是心最重要的________________起搏点。

进阶任务

窦房结供血不足会引起功能障碍，请分析该情况下机体会出现什么异常情况？

____

____

子任务 2：描述心脏兴奋传导的路径。

引导问题 1：请在图 5-4-1 中正确标记结间束、房间束、房室束、左右束支和普肯野（Purkinje）纤维网。

引导问题 2：请观察图 5-4-1，描述兴奋从窦房结开始的传导路径。

心的传导系统

进阶任务

请结合本次课所学内容，分析案例中患者兴奋传导异常的部位在哪里？该处传导兴奋有什么特点？

____

____

四、知识检测

检测试题　　参考答案

任务五　认识身体各部位的动脉主干和全身常用的止血部位

一、学习情景

患者，男，32 岁。15 min 前车祸后感心慌，左上肢疼痛难忍，救护人员赶到现场后检查发现，患者神志清楚，体温 36.5 ℃，呼吸 18 次 /min，脉搏 75 次 /min，血压 110/70 mmHg，左前臂外伤出血，创面 8 cm 左右。

二、学习目标

1. 能正确说出并辨认身体各部位的动脉主干；

2. 能在人体上准确指出全身常用的摸脉点和止血部位，并正确说出它们的止血范围。

三、任务实施

认识身体各部位的动脉主干和全身常用的止血部位。

子任务 1：识别人体重要动脉。

引导问题 1：请在图 5-5-1 中标记出肺动脉干。

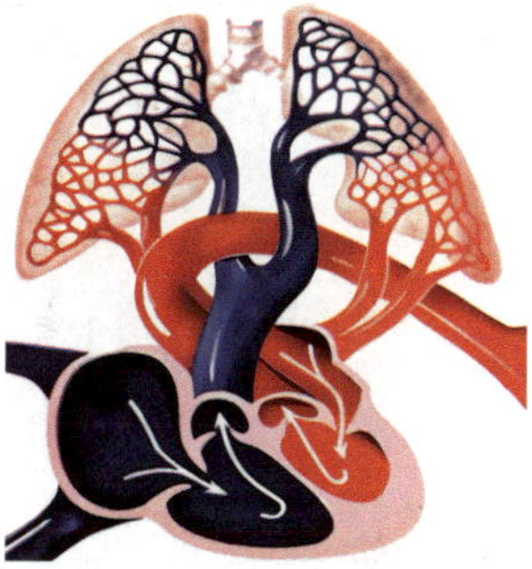

图 5-5-1 肺循环

肺循环的动脉

引导问题 2：请在图 5-5-2 中标记出升主动脉、主动脉弓、头臂干、胸主动脉、腹主动脉。

主动脉及其分支

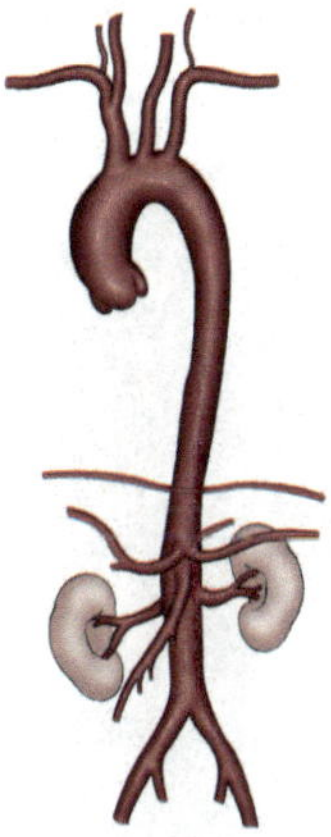

图 5-5-2 主动脉及其分支

引导问题 3：请在图 5-5-3 中标记出颈总动脉、颈外动脉、颈内动脉、面动脉、颞浅动脉、脑膜中动脉。

头颈部动脉

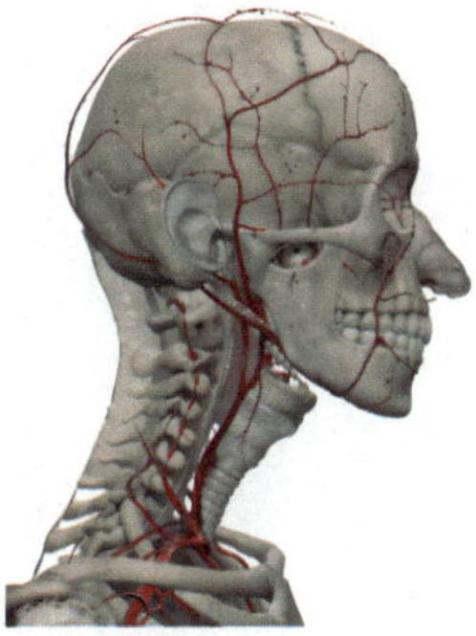

图 5-5-3 颈总动脉及其分支

引导问题 4：请在图 5-5-4 中标记出锁骨下动脉、腋动脉、肱动脉、桡动脉、尺动脉。

锁骨下动脉及上肢的动脉

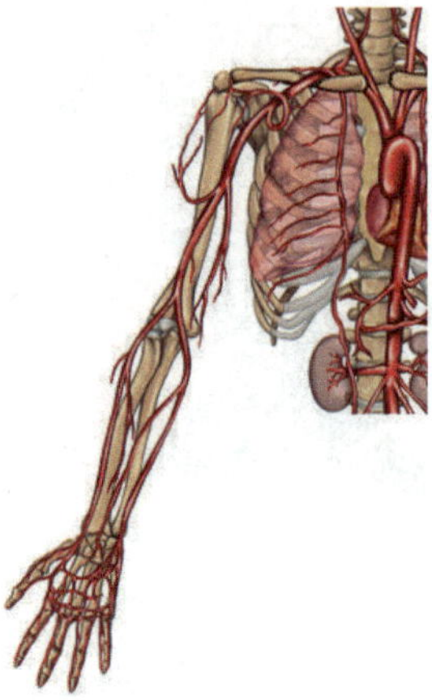

图 5-5-4　锁骨下动脉及其分支

降主动脉及其分支

引导问题 5：请在图 5-5-5 中标记出胸主动脉、腹主动脉、腹腔干、髂总动脉、髂内动脉、髂外动脉。

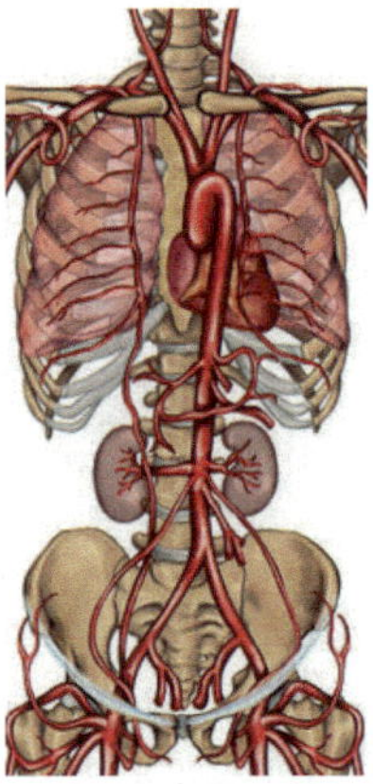

图 5-5-5　降主动脉及其分支

下肢的动脉

引导问题 6：请在图 5-5-6 中标记出股动脉、腘动脉、胫前动脉、胫后动脉、足背动脉。

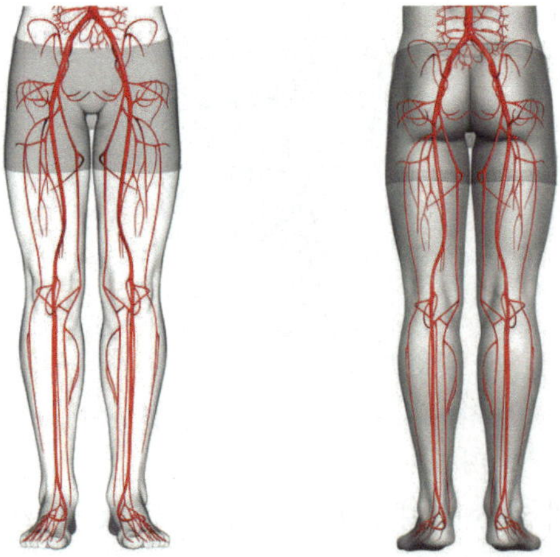

图 5-5-6　下肢的动脉

引导问题 7：请绘制出全身主要动脉的走行图。

子任务 2：认识身体各部位的动脉主干。

引导问题：观察图 5-5-7，结合血液循环路径，列出人体各部位的动脉主干。

身体各部位	动脉主干
肺循环	
体循环	
头颈部	
胸部	
腹部	
盆部	
上肢	
下肢	

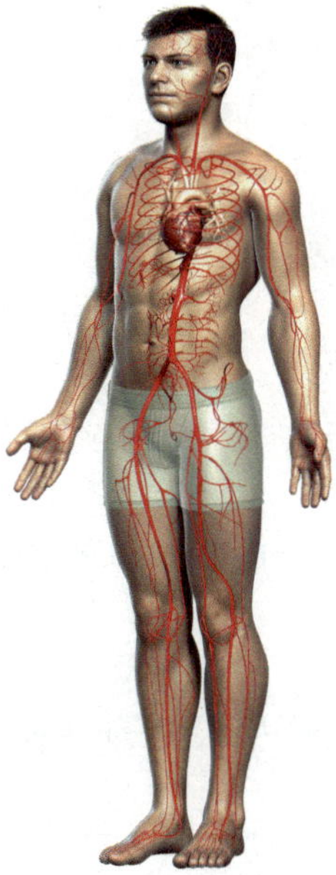

图 5-5-7　全身动脉

子任务 3：认识全身常用的摸脉点和止血部位。

引导问题 1：动脉行于身体某些部位时，因位置表浅，在活体可摸到动脉搏动，这些部位称为摸脉点。外伤出血时，可按压这些部位进行相应动脉及其分支分布范围的止血。观察图 5-5-7，列出各摸脉点的按压止血范围。

动脉	摸脉点	止血范围
颞浅动脉	外耳门前上方，颧弓根部	
面动脉	咬肌前缘和下颌体下缘相交处	
颈总动脉	在胸锁乳突肌前缘，相当于环状软骨弓的水平处	
锁骨下动脉	在锁骨中点上方的锁骨上窝处	
肱动脉	肱二头肌内侧沟的中份	
指掌侧固有动脉	手指根部两侧	
股动脉	腹股沟韧带中点稍下方	
胫后动脉	内踝和跟骨结节之间	
足背动脉	在踝关节前方，内、外踝连线的中点	

引导问题 2：请根据上述摸脉点位置的描述和图 5-5-8 的观察，在自己身体上找到各动脉的摸脉点，并在图 5-5-8 中标记出正确位置。

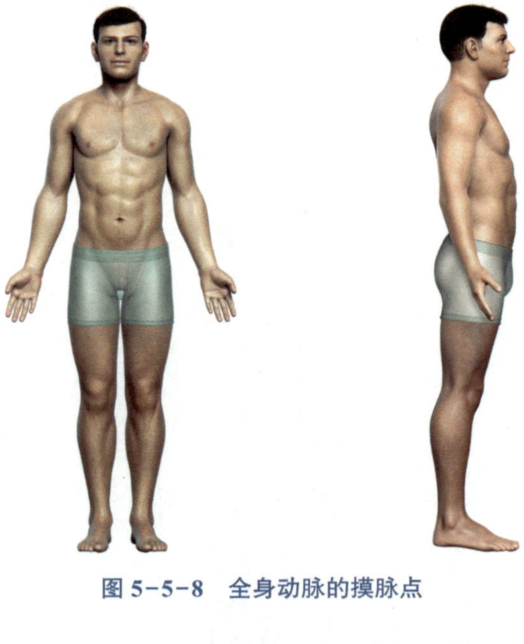

图 5-5-8　全身动脉的摸脉点

进阶任务

对于案例中的患者，我们可按压哪些部位帮助其左前臂止血？

____

____

四、知识检测

检测试题　　参考答案

任务六　认识临床常用的静脉

一、学习情景

患者，男，62 岁。因慢性肾功能衰竭入院，体温 36.7 ℃，呼吸 19 次 /min，脉搏 95 次 /min，血压 155/90 mmHg。心电图及其他化验结果正常。拟行血液透析治疗，现需要行深静脉穿刺置管术。

二、学习目标

1. 能正确说出并辨认全身重要静脉；

2. 能正确辨认临床进行注射、输液、输血、插管常选用的静脉；

3. 能说出肝门静脉系与上、下腔静脉系之间的 3 个主要吻合部位，并分析肝门静脉的临床意义。

三、任务实施

认识临床常用的静脉。

子任务 1：识别人体重要静脉。

引导问题 1：请在图 5-6-1 中标记出肺静脉。

肺循环的静脉

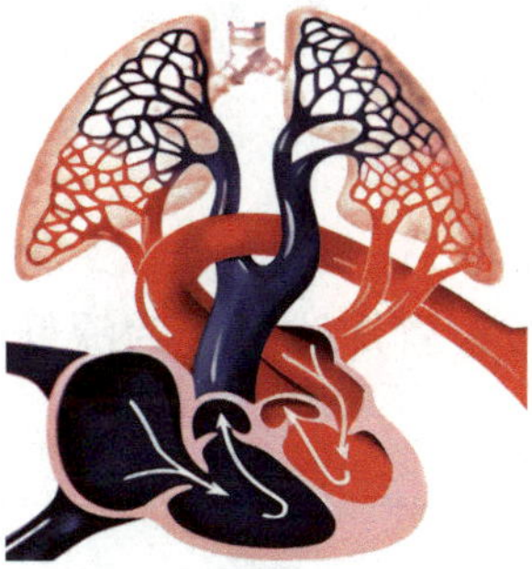

图 5-6-1　肺循环的静脉

引导问题 2：体循环静脉包括__________系、__________系、__________系。

引导问题 3：请在图 5-6-2 中标记出上腔静脉、头臂静脉、颈内静脉、面静脉、颈外静脉、锁骨下静脉、头静脉、贵要静脉、肘正中静脉。

引导问题 4：请在图 5-6-3 中标记出下腔静脉、大隐静脉、小隐静脉、股静脉。

上腔静脉系

危险三角

下腔静脉系

静脉曲张

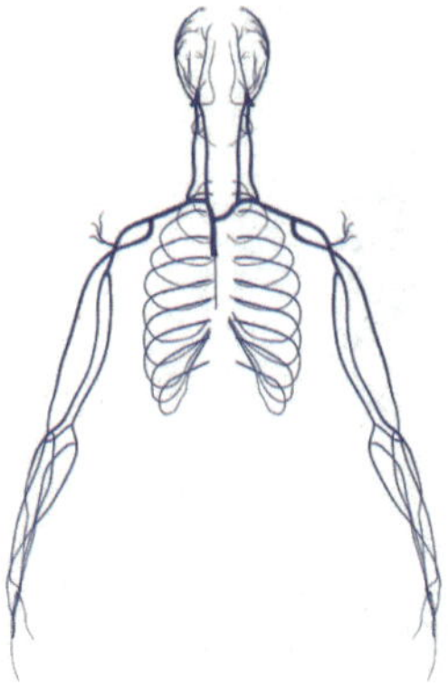

图 5-6-2　上腔静脉及其属支

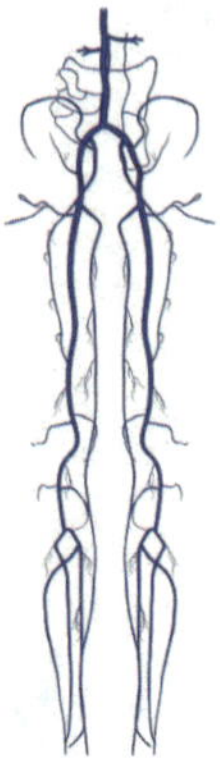

图 5-6-3　下腔静脉及其属支

引导问题 5：请在图 5-6-4 中标注出肺静脉、上腔静脉、头臂静脉、颈内静脉、面静脉、锁骨下静脉、下腔静脉、肾静脉、髂总静脉、股静脉。

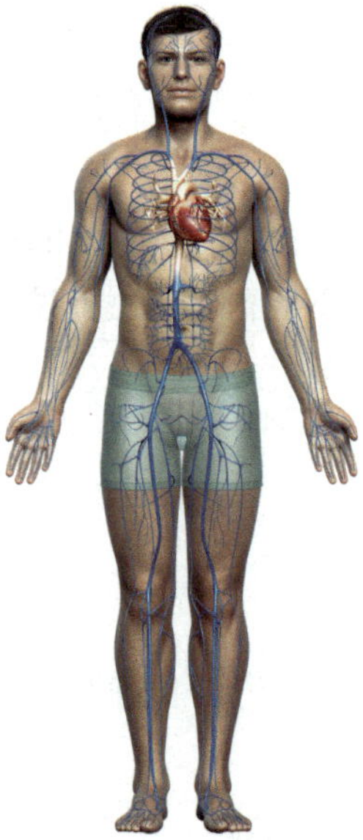

图 5-6-4　全身静脉

子任务 2：认识临床进行注射、输液、输血、插管常选用的静脉。

引导问题 1：体循环静脉按位置深浅可分为深静脉和浅静脉。请通过列表的方式区分深静脉和浅静脉。

静脉	位置	是否与同名动脉伴行
深静脉		
浅静脉		

引导问题 2：临床注射、输液、输血时常选用的浅静脉有__________、__________、__________、__________、__________、__________、__________起始段等。请在自己身体上找到上述浅静脉，并在图 5-6-5 中标记出正确位置。

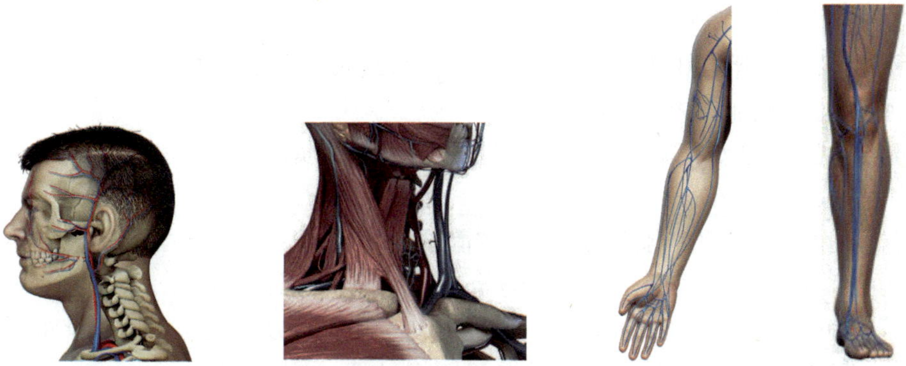

图 5-6-5　浅静脉

引导问题 3：临床上监测患者中心静脉压、抢救危重患者、进行静脉化疗、血液透析等时，需要建立一个快速静脉通道。由于深静脉管腔大，血流速度快，故深静脉穿刺置管术是临床建立快速静脉通道的首选途径。目前临床深静脉穿刺置管术常选用的深静脉有____________、____________和____________。请观察图 5-6-4 中上述静脉的走行，结合下列穿刺位置的描述，在自己身体上找到上述静脉的穿刺点，并在图 5-6-6 中标记出正确位置。

深静脉穿刺置管术常用静脉	穿刺点定位
	胸锁乳突肌胸骨头和锁骨头及锁骨所形成的三角内
	锁骨中、外 1/3 交界处下方 1 cm
	股动脉内侧 1 cm，耻骨结节外侧两横指，腹股沟韧带下缘两横指处

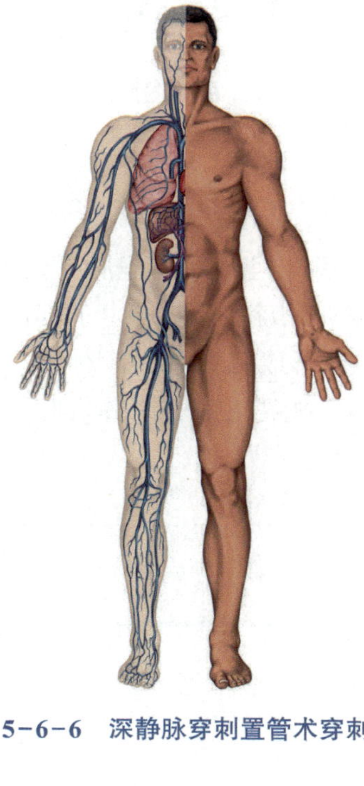

图 5-6-6　深静脉穿刺置管术穿刺点

肝门静脉系

子任务 3：认识肝门静脉系。

引导问题 1：肝门静脉系由__________及其属支组成，收纳腹腔内__________脏器的静脉血，其血管内____静脉瓣。

引导问题 2：请观察图 5-6-7，总结出肝门静脉的属支有________、________、________、________、________、________、________。

引导问题 3：肝门静脉系与上、下腔静脉系之间有 3 处吻合。①食管下段：通过__________与________静脉系吻合。②直肠周围：通过__________与________静脉系吻合。③脐周围：通过__________分别与________静脉系和________静脉系吻合。

引导问题 4：请在图 5-6-7 中圈出上述 3 处吻合部位。

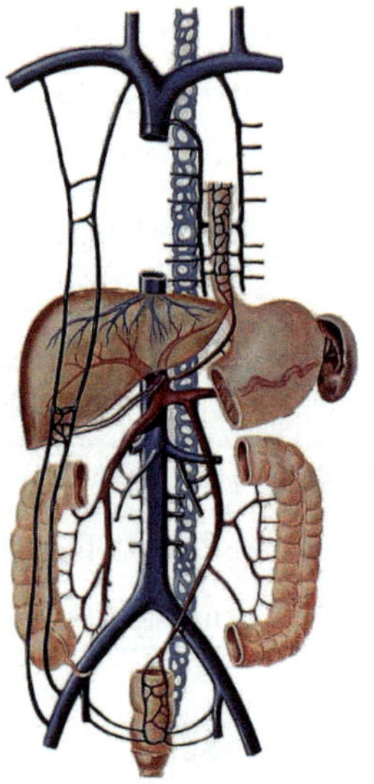

图 5-6-7　肝门静脉及其属支

进阶任务

正常情况下，肝门静脉系与上、下腔静脉系之间 3 处吻合部位的血管细小，血流量较少。当肝门静脉回流受阻时，由于其血管内无静脉瓣，血液易发生逆流，流入上述吻合部位，形成侧支循环。吻合支会因血流量增大而变粗弯曲，呈现静脉曲张现象，甚至破裂出血。请分析肝硬化患者，肝门静脉回流严重受阻，会引发哪些临床症状？

____

____

四、知识检测

检测试题　　参考答案

任务七　认识心肌和心电图

一、学习情景

患者，男，72 岁。近 2 个月反复出现劳累或情绪激动后胸闷，伴气短，无胸痛、大汗淋漓、黑蒙、晕厥等症状，休息后无好转。2 天前患者再次出现胸闷不适，行心电图检查示窦性心动过缓，PR 间期为 350 ms。为进一步诊治收住入院。

二、学习目标

1. 能说出不同心肌细胞的生理特性；
2. 能正确辨认心电图的基本波形。

三、任务实施

认识不同心肌细胞和心电图。

子任务 1：说出心肌细胞的生理特性。

心肌的生理特性

引导问题 1：心肌细胞具有____________、______________、______________、______________4 种生理特性。

引导问题 2：说出 4 种生理特性的含义。

____。

____。

____。

____。

引导问题 3：心肌细胞分为两大类，一类是工作细胞，包括心房和心室肌细胞，主要功能是接收兴奋后产生收缩反应；另一类是自律细胞，包括窦房结 P 细胞等组成心传导系统的特殊细胞，主要功能是自动产生节律性兴奋，并将之传导给周围细胞，引起周围细胞兴奋。请根据它们的功能分析它们分别具有哪些生理特性？

____

____

子任务 2：辨认心电图的基本波形。

体表心电图

引导问题 1：在图 5-7-1 中标记出 P 波、QRS 波群、T 波、PR 间期、QT 间期和 ST 段。

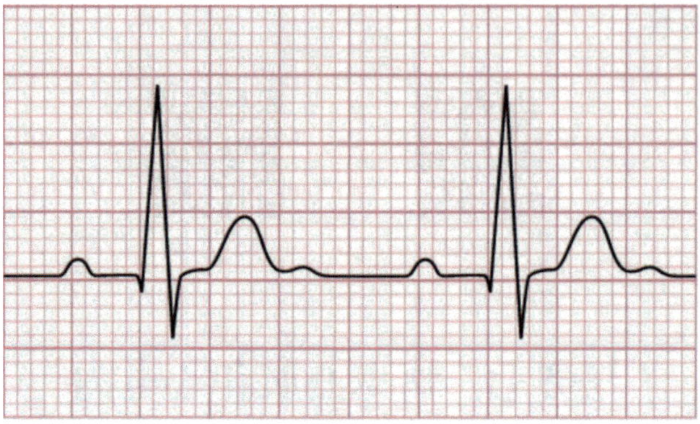

图 5-7-1　心电图

引导问题 2：请写出 P 波、QRS 波群、T 波、PR 间期、QT 间期、ST 段的生理意义。

P 波：____________________

QRS 波群：____________________

T 波：____________________

PR 间期：____________________

QT 间期：____________________

ST 段：____________________

进阶任务

案例中患者心电图示 PR 间期为 350 ms，大于正常值（200 ms），请分析其心脏的哪一部分传导系统出现了异常？

____

____

四、知识检测

检测试题　　参考答案

任务八　认识和评价心的功能

一、学习情景

患者，男，55 岁。2 小时前劳动后出现呼吸困难、气促、乏力就诊，就诊时见呼吸困难、面色苍白、口唇青紫、出汗多、咳嗽、咳白色泡沫样痰。胸部X线显示两肺纹理增粗，心脏扩大。以“急性左心功能衰竭”收治入院。

二、学习目标

1. 能复述心动周期、心率的定义，并能进行心动周期和心率之间的换算；

2. 能分析一个心动周期中，心脏泵血时各心腔内压力、瓣膜、心室容积、血流方向的变化情况；

3. 能区别第一心音、第二心音，并说出它们的生理意义；

4. 能复述心功能评价常用指标的定义和正常值。

三、任务实施

认识和评价心的功能。

子任务1：能分析心率和心动周期的关系。

心率和心动周期

引导问题1：心率的定义是____________________。

心动周期的定义是____________________。

引导问题2：观察图5-8-1和图5-8-2。心动周期＝________期＋________期。在同一个心动周期内，心房和心室的________期>________期。

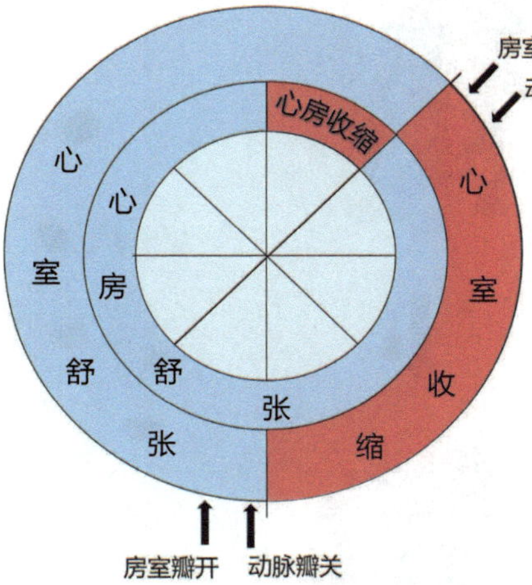

图5-8-1　心动周期示意图（一）

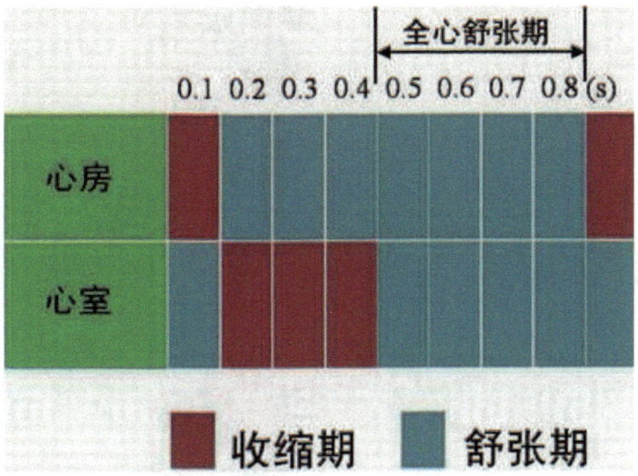

图5-8-2　心动周期示意图（二）

引导问题3：心率和心动周期的关系如下。

心率＝________________。

若心率加快，心动周期____________；若心动周期延长，心率____________。

若患者心动周期为0.8 s，则心率是________________。

若患者心率为80次/min，则心动周期是________________。

进阶任务

若心室心动周期缩短，请分析心室收缩期和舒张期的变化？哪一期的变化更明显？

____

____

心脏的泵血功能

子任务2：分析心脏泵血的过程。

引导问题1：心肌的节律性________活动，推动了血液在心血管系统里________流动。心脏收缩时将血液射入________，并通过动脉系统将血液分配至全身各组织器官；心脏舒张时，通过静脉系统将血液回流到________，为下一次射血做准备。这种活动形式类似于水泵，因此称为泵血功能。泵血活动中，________的活动起到主导作用。

以一个心动周期为例，心脏泵血过程包括________和________。

引导问题2：请观察图5-8-3，以左心室和一个心动周期为例，描述心脏泵血过程中心室活动、心腔内压力的变化和心瓣膜对血流方向的控制情况。

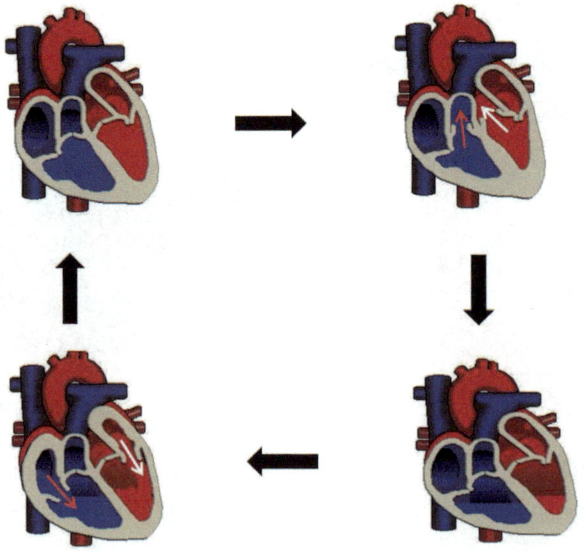

图5-8-3　心脏泵血的过程

引导问题 4：请分析一个心动周期中，心腔内压力、瓣膜开闭、血流方向和心室容积的变化情况。

心动周期分期	心腔内压力比较			瓣膜开闭		血流方向	心室容积变化
	心房压	心室压	动脉压	房室瓣	动脉瓣		
等容收缩期							
射血期							
等容舒张期							
充盈期							

进阶任务

分析案例中患者的左心功能衰竭会对机体造成哪些影响？

____

____

子任务 3：认识心音。

引导问题：在心动周期中，当瓣膜关闭，血流冲击心室及大动脉管壁等引起振动而产生的声音，可通过周围组织传到胸壁，借助听诊器可在胸部某些部位听到声音，称为心音。一般情况下，可以听到第一、第二心音。第一心音是房室瓣关闭，心室射出的血液冲击大动脉壁引起的振动等产生的。第二心音是动脉瓣关闭，血流冲击心室内壁振动等产生的。

请总结第一心音和第二心音的区别。

	第一心音	第二心音
发生时间		
标志		
生理意义		

子任务 4：认识心脏泵血功能的常用指标。

引导问题：请查阅资料完成下面内容。

评价心脏泵血功能的指标

常用指标	含义	生理意义	正常值
每搏输出量			
射血分数			
每分输出量			

四、知识检测

检测试题　　　　参考答案

任务九　分析心输出量的影响因素

一、学习情景

患者，女，49 岁，阵发性呼吸困难 4 个月。4 个月前患者劳累时出现呼吸困难，休息数分钟后缓解，此后多于情绪激动或夜间睡眠时发生呼吸困难，休息或坐起后可缓解。查体：血压 200/120 mmHg，呼吸 19 次 /min，心率 60 次 /min，双下肢轻度水肿。胸片示：心脏明显扩大。初步诊断：① 3 级高血压；②高血压性心脏病；③心衰Ⅱ度。

二、学习目标

1. 能分析前负荷、后负荷、心肌收缩力和心率对心输出量的影响；
2. 能说出正常健康成年人心力储备的方式。

三、任务实施

分析心输出量的影响因素。

子任务 1：分析影响心输出量的主要因素。

引导问题 1：心输出量 =____________________ × ____________________。

引导问题 2：心率不变的情况下，搏出量多少主要取决于____________________、____________________、____________________。

子任务 2：分析前负荷对心输出量的影响。

引导问题 1：前负荷，即____。

前负荷 =____________________ + ____________________。

正常情况下，射血后心室内的剩余血量基本保持不变，故前负荷大小主要取决于____________________。

引导问题 2：请分析前负荷增加时，心输出量的变化。

____

____

进阶任务

临床静脉输液或输血在加快滴速时，心输出量会怎么变化？若输液速度过快或量过多，会引起什么后果？

____

____

子任务 3：分析后负荷对心输出量的影响。

引导问题 1：后负荷，即__________，是心室收缩时遇到的________力。

引导问题 2：请分析后负荷增加时，心输出量的变化。

____

____

进阶任务

高血压患者血压处于较高水平时，心输出量会有什么变化？案例中患者心脏为什么会扩大？如果该患者血压持续控制不佳，仍长期处于高压，最终会导致心脏发生什么变化？

____

____

子任务 4：分析心肌收缩力对心输出量的影响。

引导问题 1：心肌收缩力指______________________________。

引导问题 2：请分析其他因素不变时，心肌收缩力增强，心输出量的变化。

____

____

进阶任务

药物洋地黄可使心肌收缩力增强，请问临床应用洋地黄时，心输出量会有什么变化？

____

____

子任务 5：分析心率对心输出量的影响。

引导问题 1：请分析心率变化对搏出量的影响。

心率< 160次 /min 时，心率加快，心室充盈量不会明显减少，搏出量__________________。心率>180 次 /min 时，心率加快，心室充盈量__________，搏出量______________。

引导问题 2：请分析心率加快时，心输出量的变化。

____

____

子任务 6：分析心脏泵血功能储备。

引导问题 1：心脏泵血功能储备（心力储备）的定义是____。

引导问题 2：根据子任务 1—5，总结哪些因素可以增加心输出量。

①______________________________

②______________________________

③______________________________

④______________________________

引导问题 3：当正常健康成年人剧烈运动时，可通过哪些方式增加心输出量？

____

____

心输出量的影响因素及心力储备

四、知识检测

检测试题　　参考答案

任务十　分析动脉血压的影响因素

一、学习情景

患者，男，55 岁。近 1 周，患者反复出现头晕、头胀痛，劳累后或激动时加重，无恶心、呕吐、发热、畏寒、心悸等症状。就诊时血压为 190/110 mmHg。头部 CT 平扫未见明显异常。以“原发性高血压”收治入院。

二、学习目标

1. 能说出血压的概念及正常值；
2. 能描述动脉血压的形成过程；
3. 能分析搏出量、心率、外周阻力、循环血量、血管容积、大动脉管壁弹性对动脉血压的影响情况。

三、任务实施

认识动脉血压并分析动脉血压的影响因素。

子任务 1：认识血压。

血压

引导问题 1：血压指血管内流动的血液对单位面积________的________。

引导问题 2：在整个循环系统中，各段血管的压力是不一样的，动脉、毛细血管、静脉的压力大小关系为__________ > __________ > __________。推动血液循环的直接动力是______________________________。

引导问题 3：主动脉血压指主动脉内流动的血液对单位面积________的__________。通常以在________测得的________代表主动脉压。通常用__________

为测量单位。

子任务 2：分析动脉血压形成的过程。

引导问题 1：在心动周期中，动脉血压会随心脏的舒缩活动而发生周期性变化。观察图 5-10-1，描述心室收缩、舒张时，大动脉的变化以及主动脉血压的变化情况。

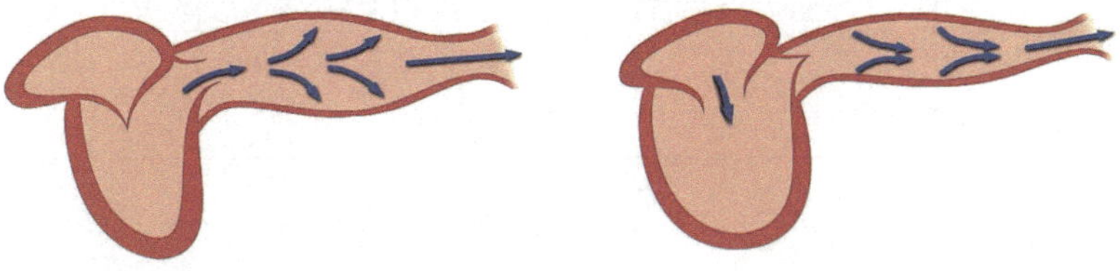

心室收缩期　　　　心室舒张期

图 5-10-1　动脉血压的形成和大动脉管壁弹性作用示意图

引导问题 2：认识收缩压和舒张压。

心室收缩射血时，主动脉压________，在心室收缩中期达到________，称为________。

心室舒张时，主动脉压________，在心室舒张末期达到________，称为________。两者之差称为________，简称________，反映了动脉血压在一个心动周期内____________。

引导问题 3：认识血压正常值。

我国正常成年人，在安静状态时，收缩压为________，舒张压为________，脉压为________。临床上动脉血压的记录方式为：______________。成年人在安静状态下，收缩压持续高于__________或舒张压持续高于________，可诊断为高血压。

引导问题 4：分析血压的生理意义。

动脉血压的相对稳定是推动血液循环，保证各组织器官的血液供应的必要条件。

若动脉血压过低，会导致______________________________。

若动脉血压过高，会导致______________________________。

子任务 3：分析动脉血压的影响因素。

引导问题 1：分析心室搏出量增加时，动脉血压的变化。

动脉血压的形成

动脉血压的影响因素

通过上述分析可见，搏出量多少决定了__________压的高低，故__________压的高低可反映搏出量的多少，进而反映_______________力的强弱。

进阶任务

临床使用洋地黄等强心药后，心肌收缩力会增强，请问血压会有什么变化？

____

____

引导问题 2：分析心率加快时，动脉血压的变化。

____

____

进阶任务

患者心率从 90 次 /min 减慢至 70 次 /min 时，血压会有什么变化？

____

____

引导问题 3：血液在血管内流动时所遇到的阻力，称为血流阻力。血流阻力的最主要影响因素是________，其大小与_______成反比。小动脉、微动脉及微静脉等小血管口径常变化，是形成血流阻力的主要部位，此处的血流阻力称为_______。

分析外周阻力增加时，动脉血压的变化。

____

____

引导问题 4：生理情况下，循环血量与血管容积是相匹配的，这样才能使血管保持一定的充盈度，这是血压形成的前提条件。

若循环血量减少，血管容积不变，则血管充盈度_______，动脉血压________。

若血管容积增大，循环血量不变，则血管充盈度_______，动脉血压________。

进阶任务

为患者注射扩血管药物后，患者血压会有什么变化？当患者大失血时，血压会有什么变化？当患者青霉素过敏，全身小血管广泛扩张时，患者血压又会有什么变化？

____

____

引导问题5：大动脉管壁的弹性可缓冲动脉血压，使收缩压不至于过高，舒张压不至于过低。若大动脉管壁的弹性降低，则可导致收缩压________，舒张压________，脉压________。

进阶任务

请分析老年性高血压，为什么常呈现出收缩压升高，舒张压不高的现象？若老年人同时还伴有小动脉、微动脉广泛硬化，请分析其血压会有什么变化？

四、知识检测

检测试题　　参考答案

任务十一　分析静脉回心血量的影响因素

一、学习情景

心血管是一个封闭系统，心脏收缩时将血液射入动脉，通过动脉系统将血液分配至全身各组织器官，进行物质和气体交换后，血液经静脉系统回流到心脏，为下一次射血做准备。可见静脉回流至心脏的血量直接影响下一次心脏射出的血量，影响心功能的评估。

二、学习目标

1. 能描述外周静脉压和中心静脉压的概念和临床意义；

2. 能分析心肌收缩力、骨骼肌挤压作用、重力、体位、呼吸运动对回心血量的影响。

三、任务实施

分析回心血量的影响因素。

子任务1：认识外周静脉压和中心静脉压。

引导问题1：外周静脉压指的是________________静脉的血压。

中心静脉压指的是________________静脉的血压。

引导问题2：中心静脉压的正常值是________________。

引导问题3：中心静脉压的高低取决于________和________。

静脉血压

若心脏射血能力增强，能及时将回心的血液射入动脉，中心静脉压______；反之，心脏射血能力减弱，中心静脉压______。

在心脏射血能力不变时，如果回心血量增多，中心静脉压______；反之，如果静脉回心血量减少，中心静脉压______。

进阶任务

进行静脉输液时，若滴速过快，中心静脉压会有什么变化？

______

______

影响静脉回心血量的因素

子任务 2：分析静脉回心血量的影响因素。

引导问题 1：静脉回心血量指______，主要取决于______与______之差。

引导问题 2：分析心肌收缩力增加时，回心血量的变化。

______

______

引导问题 3：结合图 5-11-1 分析骨骼肌的挤压作用对回心血量的影响。

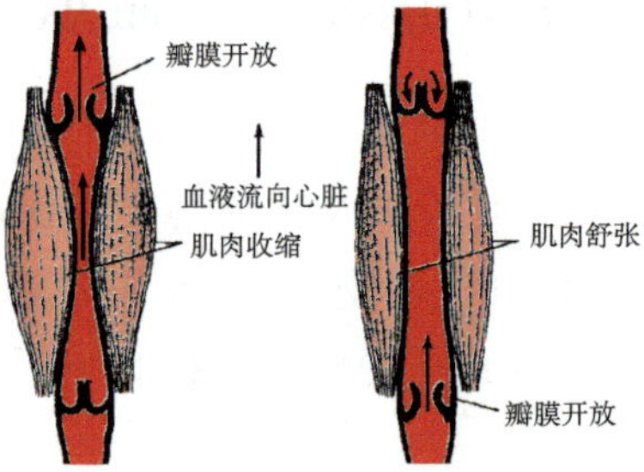

图 5-11-1　骨骼肌的挤压作用

______

______

引导问题 4：分析重力和体位对回心血量的影响。

______

______

进阶任务

长期卧床的患者，突然站立时，为什么会出现头晕、眼前发黑，甚至晕厥？

______

______

引导问题 5：结合图 5-11-2 分析呼吸运动对回心血量的影响。

____

____

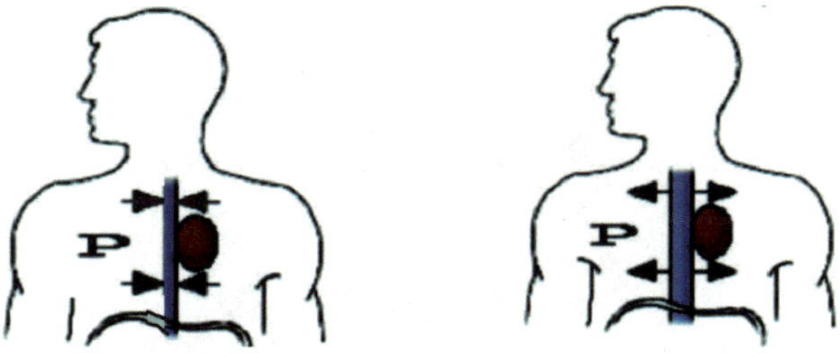

呼气　　　　吸气

图 5-11-2　呼吸运动对回心血量的影响

四、知识检测

检测试题　　参考答案

任务十二　描述微循环的三条血流通路及其生理意义

一、学习情景

血液循环的主要功能是物质运输，为机体各器官组织细胞运送营养物质、氧气等养料，同时带走二氧化碳和代谢产物，以保障机体各器官组织细胞的新陈代谢。而微循环就是各器官组织细胞与血液进行物质交换的直接场所，是血液循环中与各器官组织细胞直接接触的“最基层”的部分，故微循环的功能正常与否，直接影响了各器官组织细胞的新陈代谢，从而影响机体健康。

二、学习目标

1. 能描述微循环的三条血流通路；
2. 能分析三条血流通路的生理意义。

三、任务实施

描述微循环的三条血流通路及其生理意义。

子任务 1：认识微循环及其组成。

引导问题 1：微循环是指____________和____________之间的血液循环。主要功能是实现____________和____________之间的物质交换。

引导问题 2：一个典型的微循环由＿＿＿＿＿＿、＿＿＿＿＿＿、＿＿＿＿＿＿、＿＿＿＿＿＿、＿＿＿＿＿＿、＿＿＿＿＿＿和＿＿＿＿＿＿7 个部分构成。

引导问题 3：在图 5-12-1 中标出微循环的 7 个组成部分。

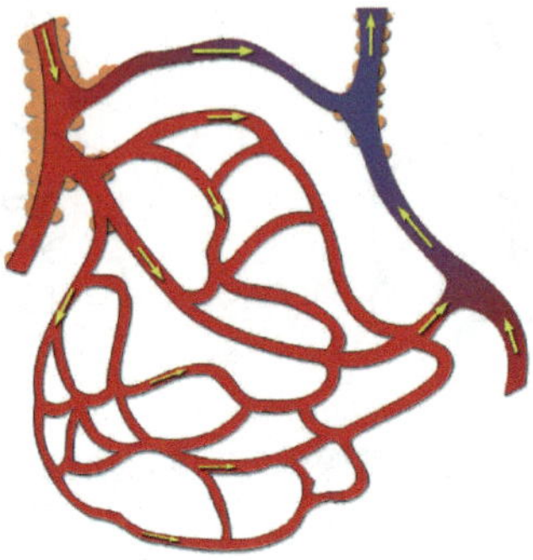

图 5-12-1　微循环示意图

子任务 2：描述微循环的 3 条血流通路。

微循环

引导问题 1：观察图 5-12-1，列出血液从微动脉流向微静脉的 3 条通路。

①＿＿＿＿＿＿

②＿＿＿＿＿＿

③＿＿＿＿＿＿

引导问题 2：请分析“引导问题 1”中 3 条血流通路的特点和生理意义。

区别点	路径	血流速度	生理作用
①			
②			
③			

四、知识检测

检测试题　　参考答案

任务十三 分析影响组织液生成、回流的因素

一、学习情景

患者，男，46岁。双下肢水肿20天。20天前，患者无明显诱因出现双下肢水肿，膝关节以下较明显，伴有乏力、少尿，无胸闷、胸痛、咳嗽、咳痰、恶心、呕吐等症状。查体：体温36.8 ℃，血压95/60 mmHg，呼吸19次/min，心率80次/min，体型消瘦，中度贫血貌，双下肢水肿（++）。实验室检查：血清白蛋白25 g/L。初步诊断：低蛋白血症。

二、学习目标

1. 能描述组织液生成和回流的过程；
2. 能分析组织液生成和回流的影响因素。

三、任务实施

分析影响组织液生成、回流的因素。

子任务1：认识组织液。

引导问题1：组织液存在于________________，是____________________与____________________之间进行物质交换的媒介。

引导问题2：____________经过______________滤出，进入____________形成了组织液；同时，组织液可透过毛细血管壁进入____________成为____________。

子任务2：分析组织液生成和回流的过程。

引导问题1：在毛细血管壁两侧血浆和组织液中，有4个可促使液体流动的力量，分别是____________________、________________________、________________________、________________________。

引导问题2：上述4个力量中，使液体从毛细血管流向组织，促使组织液生成的力量是____________、______________；使液体从组织间隙流向毛细血管，促使组织液回流的力量是______________、__________。上述2组力量之差，称为________________。

有效滤过压 =（____________________ + ____________________）−（____________________ + ______________________）。

引导问题3：观察图5−13−1，在毛细血管动脉端，有效滤过压 =_______mmHg，生成的力量______回流的力量，故此处，组织液是________。在毛细血管静脉端，有效滤过压 =______mmHg，生成的力量______回流的力量，故此处，组织液是________。且动脉端有效滤过压________静脉端有效滤过压，表明动脉端滤过的组织液______静脉端滤过的组织液。

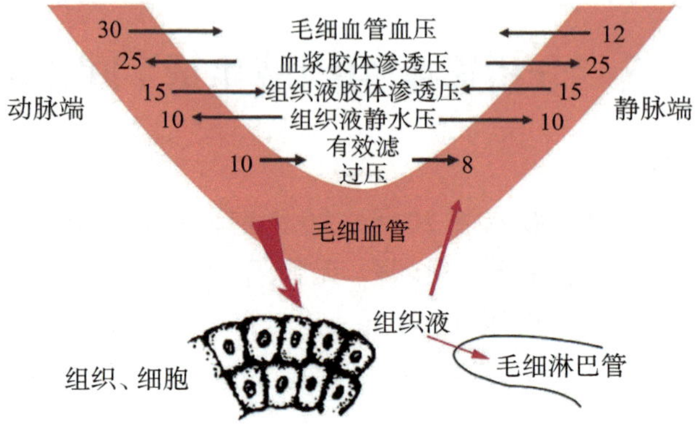

图 5-13-1　组织液的生成和回流示意图

组织液的生成和回流

子任务 3：分析影响组织液生成、回流的因素。

引导问题 1：组织液生成的结构基础是＿＿＿＿＿＿＿＿；组织液生成的动力是＿＿＿＿＿＿＿＿。

引导问题 2：毛细血管血压升高，有效滤过压＿＿＿＿＿＿，组织液生成＿＿＿＿＿＿，回流＿＿＿＿＿＿。

进阶任务

当右心功能衰竭时，因静脉回流受阻，毛细血管血压会随之升高。请问右心衰竭的患者，组织液会有什么变化？

＿＿＿＿＿＿＿＿＿＿＿＿＿＿＿＿＿＿＿＿＿＿＿＿＿＿＿＿＿＿

＿＿＿＿＿＿＿＿＿＿＿＿＿＿＿＿＿＿＿＿＿＿＿＿＿＿＿＿＿＿

引导问题 3：血浆胶体渗透压降低，有效滤过压＿＿＿＿＿＿，组织液生成＿＿＿＿＿＿，回流＿＿＿＿＿＿。

引导问题 4：毛细血管壁通透性增大，有效滤过压＿＿＿＿＿＿，组织液生成＿＿＿＿＿＿，回流＿＿＿＿＿＿。

进阶任务

请分析案例中患者出现双下肢水肿的原因。

＿＿＿＿＿＿＿＿＿＿＿＿＿＿＿＿＿＿＿＿＿＿＿＿＿＿＿＿＿＿

＿＿＿＿＿＿＿＿＿＿＿＿＿＿＿＿＿＿＿＿＿＿＿＿＿＿＿＿＿＿

四、知识检测

检测试题　　参考答案

任务十四　分析心血管活动的调节

一、学习情景

患儿，男，9 岁。患儿 10 分钟前因“支气管肺炎”给予头孢唑林钠 0.75 g 静脉滴注。滴注开始后 2 分钟，患儿出现呼吸困难、气促、面色苍白、出冷汗、乏力等症状，查体患儿嗜睡，脉搏 65 次 /min，血压 85/50 mmHg，呼吸 32 次 /min，双肺可闻及哮鸣音。考虑过敏性休克，立即停止注射，给予吸氧，地塞米松、肾上腺素缓慢静推，随后患儿病情好转，面色逐渐红润，心率 80 次 /min，血压 90/60 mmHg。

二、学习目标

1. 能说出心血管的中枢、心血管的支配神经及其神经递质和各类受体的分布情况；

2. 能分析交感神经和迷走神经兴奋时，心脏和血管的活动情况；

3. 能分析肾上腺素、去甲肾上腺素、肾素－血管紧张素－醛固酮系统对心血管活动的调节。

三、任务实施

分析心血管活动的神经调节和体液调节。

子任务 1：认识心血管的中枢、支配神经及其神经递质和受体。

引导问题 1：调节心血管活动最基本的中枢是________________，包括________________、________________和________________。

引导问题 2：支配心肌的神经有哪些？

____

____

引导问题 3：请分析心交感神经和心迷走神经的区别。

区别点	心交感神经	心迷走神经
节后纤维的神经递质		
心肌细胞膜上的受体		
作用		

引导问题 4：支配血管平滑肌的神经有哪些？

____

____

引导问题 5：请分析交感缩血管神经和交感舒血管神经的区别。

区别点	交感缩血管神经	交感舒血管神经
节后纤维的神经递质		
血管平滑肌细胞膜上的受体		
分布范围		
作用		

引导问题 6：交感缩血管神经纤维在不同部位的血管中分布密度不同。按照分布密度排序为________>________>________。

子任务 2：认识压力感受器和化学感受器。

引导问题 1：动脉压力感受器主要分布在哪 2 个部位？它们的作用是什么？

引导问题 2：动脉化学感受器主要分布在哪 2 个部位？它们的作用是什么？

引导问题 3：请在图 5-14-1 中标记动脉压力感受器和化学感受器的位置及名称。

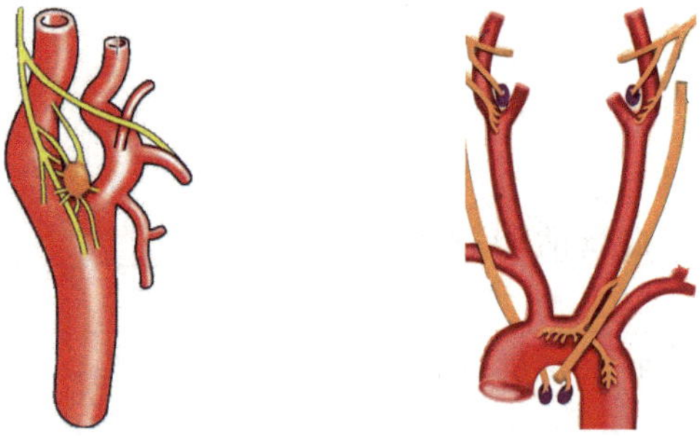

图 5-14-1　动脉压力感受器和化学感受器

子任务 3：分析心血管活动的神经调节过程。

心血管系统的神经调节

引导问题 1：分析当交感神经兴奋时，心脏和血管的活动会发生怎样的变化？心率、心输出量、血压等会有怎么样的变化？

引导问题 2：分析当迷走神经兴奋时，心脏和血管的活动会发生怎样的变化？心率、心输出量、血压等会有怎么样的变化？

引导问题 3：请将动脉血压升高时，减压反射的调节过程绘制在下框中。

绘制区域

引导问题 4：请将机体缺氧时，化学感受性反射的调节过程绘制在下框中。

绘制区域

子任务 4：分析肾上腺素和去甲肾上腺素对心血管活动的调节。

引导问题 1：肾上腺素和去甲肾上腺素主要来自________________。

引导问题 2：请区别肾上腺素和去甲肾上腺素的作用特点。

心血管系统的体液调节

区别点	肾上腺素	去甲肾上腺素
心肌细胞膜上的受体		
血管平滑肌细胞膜上的受体		
作用特点		
临床应用		

子任务 5：分析肾素-血管紧张素-醛固酮系统对心血管活动的调节。

引导问题：请绘制出肾素-血管紧张素-醛固酮系统的转换过程及其对心血管活动的调节作用。

绘制区域

进阶任务

请结合肾上腺素的作用特点，分析为什么案例中患者肾上腺素缓慢静推后心率和血压升高。

____

____

四、知识检测

检测试题　　参考答案

任务十五　认识淋巴系统

一、学习情景

患者，男，40 岁。患者 1 个月前无明显诱因出现颈部淋巴结肿大、疼痛，至当地医院就诊，予抗感染（具体药物不详）治疗 6 天后，未见明显缓解。近 1 周感左侧颈部淋巴结肿大加重，为进一步明确病因来我院就诊。查体：体温 36.7 ℃，脉搏 93 次 /min，呼吸 18 次 /min，血压 125/80 mmHg，神志清，精神可，皮肤巩膜无明显黄染，颈部触及数枚肿大淋巴结，大者约黄豆大小，触痛，质硬，不可活动。以“淋巴结肿大待查”收住入院。

二、学习目标

1. 能说出淋巴系统、淋巴管道、淋巴器官的组成和功能；
2. 能说出浅表淋巴结存在的主要位置。

三、任务实施

分析淋巴系统。

子任务 1：认识淋巴系统的组成和功能。

淋巴系统的组成

引导问题 1：淋巴系统包括______________、__________和____________。

引导问题 2：淋巴系统的主要功能是什么？

____

____

引导问题 3：淋巴管道可分为______________、______________、______________和______________。淋巴导管包括________________和________________。

引导问题 4：请描述淋巴生成和回流的路径。

____

____

引导问题 5：中枢淋巴器官主要包括________________和____________。

周围淋巴器官主要包括________________、____________和____________。

引导问题 6：人体最大的淋巴器官是____________。它的主要功能是__________

____。

浅表淋巴结

子任务 2：认识浅表淋巴结。

引导问题 1：淋巴结数目众多，多沿血管配布，常成群分布于关节屈侧或体腔隐蔽处，一个组群的淋巴结收集一定区域的淋巴。淋巴结有浅、深之分，浅表淋巴结位于浅筋膜内，正常情况下，不易触及；但若其引流范围存有病变，则会导致局部淋巴结肿大，可在体表触及。请结合图 5-15-1，描述临床进行浅表淋巴结触诊的主要部位有哪些？

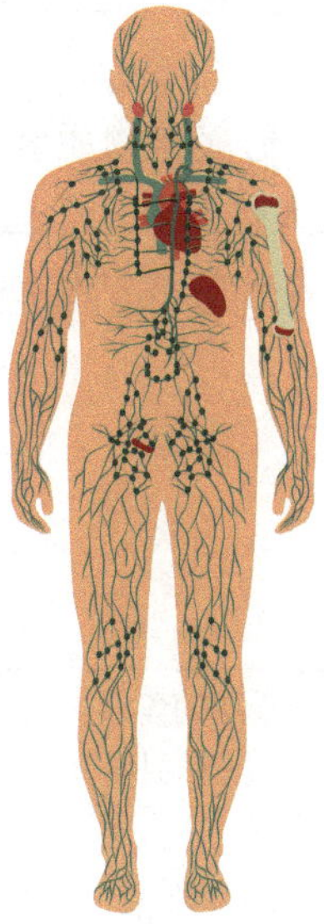

图 5-15-1　全身淋巴结分布图

四、知识检测

检测试题　　参考答案

项目六
消化系统

消化系统由消化管和消化腺两部分组成，消化管是一条自口腔延伸至肛门的肌性管道，包括口腔、咽、食管、胃、小肠（十二指肠、空肠、回肠）和大肠（盲肠、结肠、直肠）部。

正常生命活动的维持要不断补充营养物质和能量。食物中的营养物质除了水、无机盐、大部分维生素可以直接被人体吸收外，蛋白质、糖类、脂肪等营养物质分子量大、结构复杂，必须先在消化道内分解成结构简单、分子量小的物质，才能通过消化道黏膜进入血液循环。

学习目标

学生通过学习达成以下目标：

素质目标	1. 培养职业道德和职业情感，使学生具有良好的职业道德修养； 2. 培养学生严谨求学的学习态度和科学的思维能力。
知识目标	1. 掌握消化系统的基本组成； 2. 掌握咽峡的构成，食管的狭窄部位，胃、十二指肠、大肠的形态、分部及位置； 3. 掌握肝的形态、位置和组织结构，胆囊的位置、形态和分部以及胆囊底的体表投影、胆汁的排出途径； 4. 掌握消化、吸收的概念，胃液、胰液的成分及作用，吸收的主要场所； 5. 熟悉唾液的作用，胃、小肠的运动形式； 6. 熟悉胆汁的作用，消化管管壁的一般结构； 7. 熟悉唾液腺的位置和导管开口部位； 8. 熟悉胰的位置、形态和分部； 9. 了解舌的构造； 10. 了解乳牙、恒牙的牙式。
能力目标	1. 描述消化系统各器官的位置，并在相应的解剖模型中指出器官主要的结构； 2. 将口腔、食管、胃、肠、肝脏和胰等解剖生理知识运用于临床实际和生活实际，解决实际问题； 3. 运用本课程基础知识，分析临床常见疾病的表现，并给出相应的健康指导。

任务一　认识消化系统的组成和功能

一、学习情景

消化系统的基本生理功能是摄取、转运、消化食物和吸收营养、排泄废物，这些生理过程的完成借助于整个胃肠道协调的生理活动。食物的消化和吸收，可提供机体所需的物质和能量。消化系统由哪些器官组成？如何消化和吸收营养物质？

二、学习目标

1. 认识消化系统的组成；
2. 阐述消化系统的功能。

三、任务实施

概括消化系统器官的组成和功能。

子任务 1：消化系统的组成。

消化系统的组成

引导问题 1：消化系统由__________和__________两部分组成。

引导问题 2：__________是一条自口腔延伸至肛门的肌性管道；大消化腺包括__________、__________和__________。

引导问题 3：总结消化系统的组成。

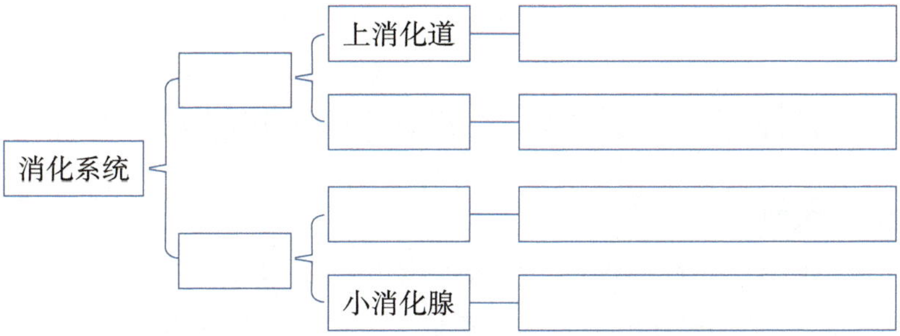

引导问题 4：请在图 6-1-1 标注组成消化系统的各个器官。

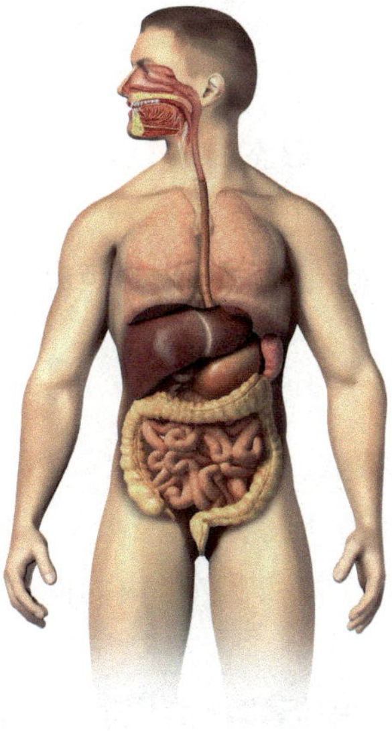

图 6-1-1　消化系统模式图

消化系统的基本功能

子任务2：阐述消化系统的功能。

引导问题1：食物在消化道内能直接吸收吗？为什么？

____

____

引导问题2：消化系统的功能是什么？

____

____

四、知识检测

检测试题　　参考答案

任务二　认识消化道各器官的结构特点

一、学习情景

患者，男，38岁，上腹部疼痛1年余，多发于冬春季，每次饮酒或情绪紧张时加重或复发。3天前因感冒出现发热、头痛，服用阿司匹林治疗后，出现上腹部疼痛，伴有反酸、嗳气、口苦、口干、大便干燥。胃镜检查：十二指肠溃疡，幽门螺杆菌阳性。

二、学习目标

1. 阐述消化道各器官的位置、形态特点；
2. 认识消化道各器官的重要结构；
3. 描述食管三个狭窄的位置和至中切牙的距离。

三、任务实施

认识消化道各器官的结构特点。

消化道的微细结构

子任务1：认识消化道的微细结构。

引导问题1：消化道管壁除口腔和咽外，由内向外可分为__________、__________、__________和__________。

引导问题2：请在图6-2-1中标注出消化道管壁的组织结构。

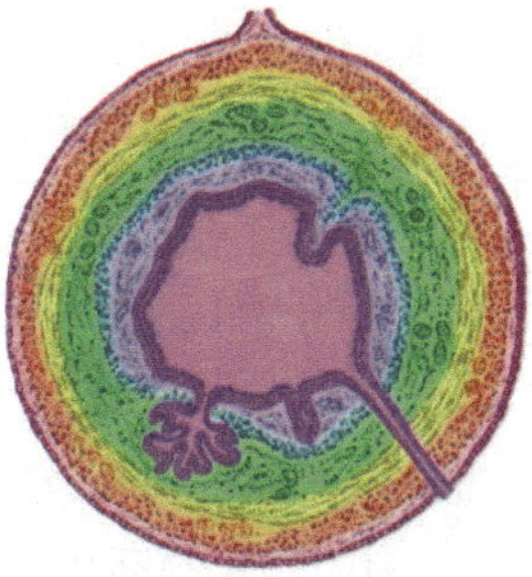

图 6-2-1　消化道管壁组织结构模式图

引导问题 3：黏膜由__________、__________和__________构成。

子任务 2：认识口腔的结构。

引导问题 1：口腔被上、下牙弓分隔为前、后两部分；前段叫__________，后段叫__________。

口腔的结构

引导问题 2：在图 6-2-2 中标注出硬腭、软腭、腭舌弓、腭咽弓、腭垂、腭扁桃体和咽峡。

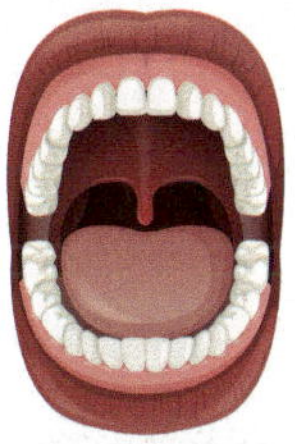

图 6-2-2　口腔结构模式图

引导问题 3：牙的形态、大小各不相同，在外形上牙可分为_________、_______和__________三部分。牙由__________、__________、__________和__________组成。人的一生中先后有__________副牙，第一副牙称__________，第二副牙称_________。牙式⌊6 代表__________。

引导问题 4：舌有上、下两面。上面又称__________，其上有“∧”字形的界沟，将舌分为前 2/3 的__________和后 1/3 的__________两部分。舌体的前端称_______。舌下面正中线处有一矢状位的黏膜皱襞，称__________，连于口腔底。在舌系带根部的两侧各有 1 个小黏膜隆起，称__________，其上有下颌下腺管和舌下腺大管的共同开口。由舌下阜向后外侧延伸的黏膜皱襞，称__________，其深面有舌下腺。

舌黏膜呈淡红色，覆于舌的表面。舌背的黏膜上可见许多小突起，称_________，按形态可分为__________、__________、__________和__________。在舌根的黏膜内有淋巴组织聚集形成的许多大小不等的突起，称为__________。

子任务 3：认识咽的结构。

咽的结构

引导问题 1：咽后壁平整，前壁不完整，与鼻腔、口腔和喉腔相通。据此，以软腭和会厌上缘平面为界，咽分为__________、__________和__________三部分，咽是__________和__________的共同通道。

引导问题 2：鼻咽又称咽腔鼻部，位于鼻腔的后方，上达__________，下至软腭游离缘平面，向前经鼻后孔通__________。其侧壁上，相当于下鼻甲后方约 1 cm 处有__________，咽腔由此经咽鼓管与中耳的鼓室相通。此口的前、上、后方的弧形隆起称__________，是寻找咽鼓管咽口的标志；圆枕后方与咽后壁之间的纵行深窝称__________，是鼻咽癌的好发部位。

引导问题 3：口咽又称咽腔口部，位于口腔的后方，向前经__________与口腔相通。

引导问题 4：喉咽又称咽腔喉部，位于喉的后方，上起会厌上缘平面，下至第 6 颈椎体下缘平面与__________相续。喉口两侧与咽侧壁之间各有一深窝称__________，为异物常滞留之处。

食管的结构

子任务 4：认识食管的结构。

引导问题 1：食管是一个前后略扁的肌性管道，上端在__________与咽相续，下端续于__________，依其行程可分为__________、__________和__________三段。

引导问题 2：请描述食管三个狭窄的位置及至中切牙的距离。

	第一狭窄	第二狭窄	第三狭窄
位置			
距中切牙的距离			

进阶任务

每个人食管的三个狭窄至中切牙的距离一样吗？为什么？

____

____

胃的位置、结构

子任务 5：描述胃的位置和分部。

引导问题 1：胃是消化管中最膨大的部分，上连__________，下续__________。

引导问题 2：通常胃在中等程度充盈时，大部分位于__________，小部分位于__________。

引导问题 3：在图 6-2-3 中标注出贲门、幽门、胃小弯、胃大弯和角切迹，并在图中圈出贲门部、胃底、胃体和幽门部。

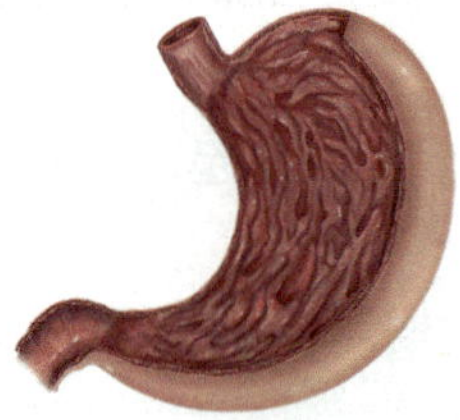

图 6-2-3　胃的形态和分部

引导问题 4：__________和__________是胃溃疡和胃癌的好发部位。

子任务 6：描述小肠的位置和分部。

引导问题 1：小肠可分为__________、__________和__________。

引导问题 2：十二指肠可分为__________、__________、__________和__________。十二指肠升部近侧段的肠壁薄，管径大，黏膜光滑无环状襞，称__________，是十二指肠溃疡的好发部位。降部内面环状黏膜襞发达；后内侧壁上有一纵行的皱襞，称十二指肠纵襞，其下端有一乳头状隆起，称__________，为肝胰壶腹的开口处。升部达第 2 腰椎体左侧转向前下，移行为空肠；转折处形成的弯曲称__________。十二指肠空肠曲的上后壁被 1 条由平滑肌和结缔组织构成的__________固定于腹后壁上，是腹部手术中确定空肠起始的重要标志。

小肠的位置、结构

引导问题 3：区别空肠与回肠。

区别点	空肠	回肠
位置		
长度		
管腔		
管壁		
颜色		
环状襞		
淋巴小结		

子任务 7：描述大肠结构。

大肠的结构

引导问题 1：大肠可分为__________、__________、__________、__________和__________。

引导问题 2：在图 6-2-4 中标注出结肠和盲肠具有的特征性结构。

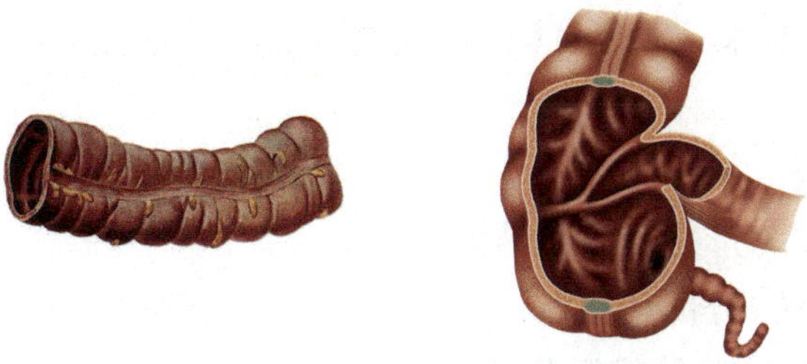

图 6-2-4　结肠（左）和盲肠（右）的特征性结构

引导问题 3：什么是麦氏点？在自己身上找到麦氏点。

____

____

引导问题 4：直肠并不直，在矢状面上形成 2 个弯曲，分别是__________和__________。

引导问题 5：肛管内面有 6～10 条纵行的黏膜皱襞，称__________。相邻肛柱下端之间有半月形黏膜皱襞相连，此皱襞称__________。相邻两个肛柱下端与肛瓣之间形成开口向上的小隐窝，称__________。各肛柱下端与各肛瓣边缘共同连成一锯齿状环形线，称__________，是皮肤与黏膜的分界线。在齿状线下方有一宽约 1 cm、表面光滑而略有光泽的环状区域，称__________。肛梳下缘有一不甚明显的环形线，称__________，是肛门内、外括约肌的分界处。

进阶任务

为什么胃癌好发于胃小弯和幽门部？

____

____

四、知识检测

检测试题　　参考答案

任务三　认识各消化腺的结构特点

一、学习情景

患者，男，2 天前进食大量肉食后出现上腹部疼痛，突然起病，呈持续性绞痛，患者难以忍受，伴大汗淋漓及心慌气促，肩背部及腰部无放射性疼痛，腹胀较明显，伴恶心呕吐，全身皮肤未见明显黄染，入当地医院诊断为“急性胰腺炎”。

二、学习目标

1. 认识肝的位置、形态和组织结构；
2. 阐述胰的位置、分部和功能；
3. 描述三对大唾液腺的位置及开口。

三、任务实施

认识各消化腺的结构特点。

子任务 1：描述肝的位置。

引导问题 1：__________是人体最大的腺体，也是最大的消化腺。

引导问题 2：大部分位于__________，小部分位于__________。

肝的位置

肝的形态结构

子任务2：认识肝的形态结构。

引导问题1：肝上面隆凸，与膈相贴，称__________。膈面上有矢状位的镰状韧带附着，借此将肝分为大而厚的__________和小而薄的__________。肝下面凹凸不平，邻接一些腹腔脏器，称__________。脏面中部有略呈“H”形的沟，即__________和中间的__________。左纵沟的前部容纳__________，后部容纳__________。右纵沟的前部称__________，容纳胆囊；后部称__________，有下腔静脉通过。横沟即__________，有肝左管、肝右管、肝固有动脉、肝门静脉以及神经、淋巴管等出入。

引导问题2：对肝模型进行观察，在图6-3-1中标注出肝的“H”形的沟。

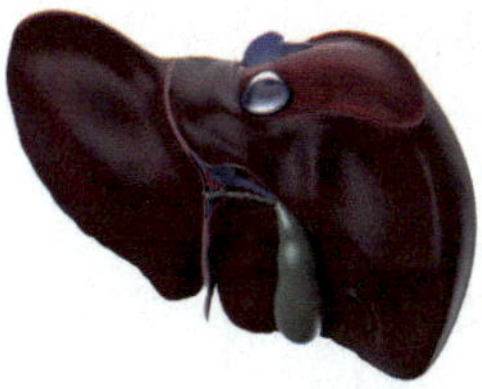

图6-3-1　肝（脏面）

引导问题3：__________是肝的基本结构和功能单位。肝小叶中央贯穿着一条小静脉，称__________；肝细胞以中央静脉为中心，向四周呈放射状排列成一行行的肝细胞索，称__________。肝细胞索之间的空隙是__________，肝血窦互相吻合，并与中央静脉相通。相邻两条肝细胞索之间的间隙形成的小管道，称__________。门静脉、肝动脉和肝管三者由肝门入肝后均分支伴行在肝小叶之间，分别称为__________、__________和__________，它们所在的这个区域称__________。

引导问题4：肝有双重血液供应功能，即__________和__________。__________是肝脏的功能血管，__________是肝脏的营养动脉。

引导问题5：根据肝的血液供应路径，完成下列内容。

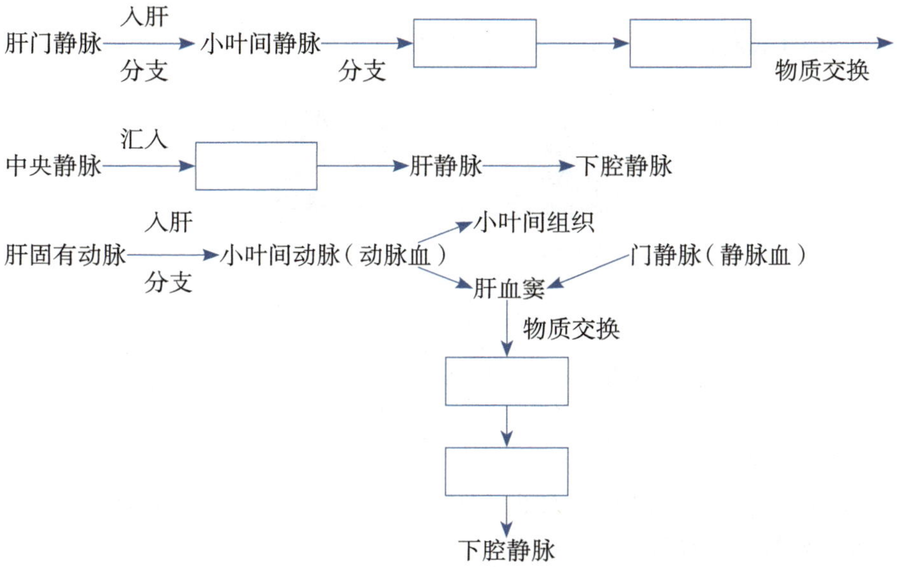

三对大唾液腺的位置及开口

子任务 3：描述三对大唾液腺的位置及开口。

引导问题 1：在口腔周围有三对大唾液腺，即__________、__________和__________。

引导问题 2：描述三对大唾液腺的位置及开口。

唾液腺	位置	开口

胰的分部和功能

子任务 4：认识胰的分部和功能。

引导问题 1：胰位于__________。

引导问题 2：胰分为__________、__________、__________和__________。

引导问题 3：填写胰的组成及作用。

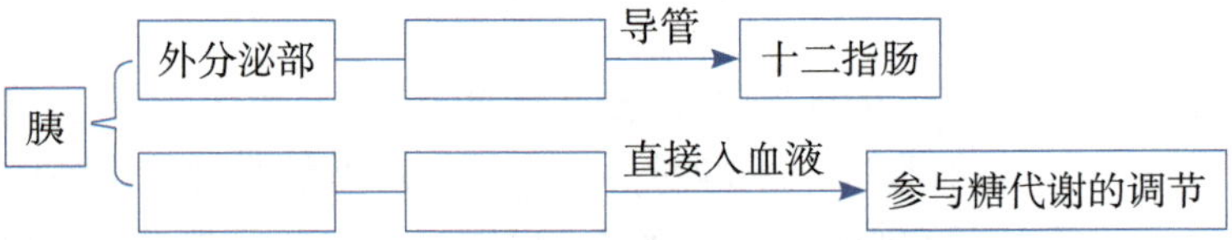

进阶任务

分析案例中的患者为什么出现急性胰腺炎？

____

____

四、知识检测

检测试题

参考答案

任务四　分析食物消化的过程

一、学习情景

陈某，男，42 岁。私企公司经理，经常陪客户喝酒。上个月出现嗳气、烧心。到医院就诊，经胃镜检查后，确诊为“单纯性胃酸过多”。

二、学习目标

1. 阐述消化的概念；
2. 分析食物消化的过程。

三、任务实施

分析食物消化过程。

子任务1：阐述消化的概念。

引导问题1：什么是消化？

____

____

引导问题2：食物消化的方式包括__________和__________。

子任务2：分析口腔内消化的过程。

引导问题1：唾液由__________、__________、__________和__________分泌。

引导问题2：唾液的主要作用是什么？

____

____

引导问题3：吃馒头的时候，为什么馒头会变甜？

____

____

消化的概念

口腔内消化

子任务3：分析胃内消化的过程。

引导问题1：胃液的成分除水外，主要有__________、__________、__________、内因子等。

引导问题2：胃液中的盐酸又称胃酸。胃酸的主要功能是什么？

____

____

胃内消化

引导问题3：完成下列内容。

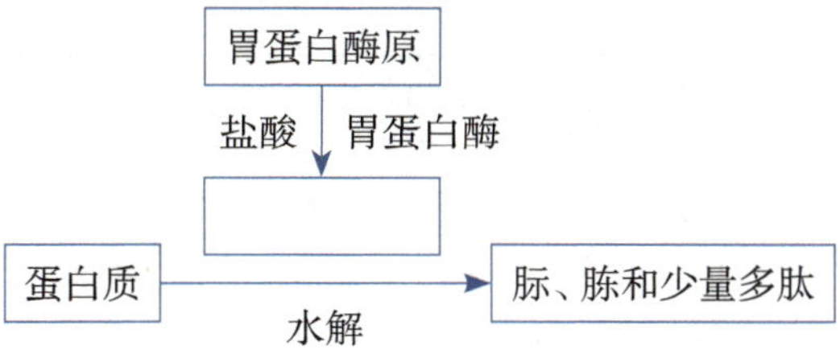

引导问题4：黏液与胃内的HCO_3^-结合在一起共同构成黏液－碳酸氢盐屏障。黏液－碳酸氢盐屏障有什么作用？

____

____

引导问题5：胃的运动形式包括__________、__________和__________。__________是消化道共有的一种运动形式。__________指胃的内容物被排入十二指肠的过程，三种主要营养物质的排空速度以______最快，______次之，______最慢。

小肠内消化

子任务4：分析小肠内消化的过程。

引导问题1：胰液中含水、碳酸氢盐、多种消化酶等，碳酸氢盐主要作用是什么？

____

____

______酶可将淀粉水解为麦芽糖；______酶可将脂肪分解成甘油、甘油一酯和脂肪酸。

胰液中的蛋白水解酶可将蛋白质分解成多肽和______。

引导问题2：______是唯一不含消化酶的消化液。

引导问题3：胆盐的作用是什么？

____

____

引导问题4：小肠的运动形式包括______、______和______。

子任务5：分析食物消化的过程。

引导问题1：分析三大营养物质的消化过程。

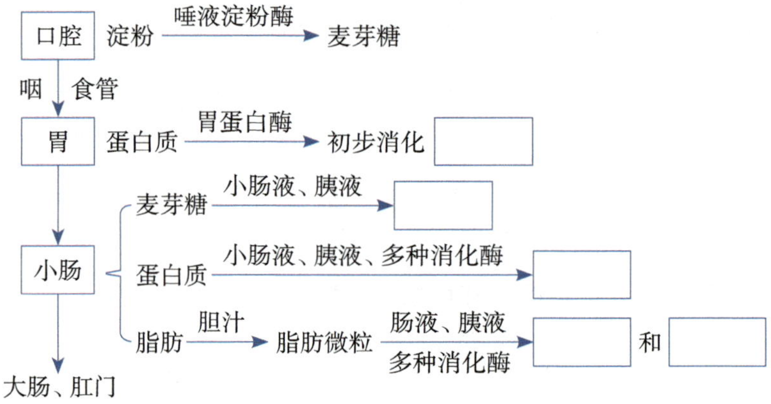

大肠内消化

引导问题2：总结三大营养物质的消化过程。

营养物质	开始部位	参与的消化液	中间产物	最终产物
淀粉				
蛋白质				
脂肪				

进阶任务

哪些因素导致胃酸过多？

____

____

四、知识检测

检测试题　　参考答案

任务五　认识胆汁排出途径

一、学习情景

患者，男，50 岁。近 1 个月反复出现右上腹绞痛，1 天前再次出现右上腹绞痛，服用奥美拉唑未缓解。入院查体：皮肤、巩膜黄染，墨菲征阳性。超声检查：胆囊管结石。

二、学习目标

1. 阐述胆囊的位置、分部及胆囊底的体表投影；
2. 描述胆汁的排出途径。

三、任务实施

认识胆汁排出途径。

子任务 1：描述胆囊的位置和结构。

胆囊的位置、结构

引导问题 1：胆囊位于__________。

引导问题 2：胆囊的作用是__________和浓缩胆汁。

引导问题 3：在图 6-5-1 中标注出胆囊的底、体、颈、管 4 部分。

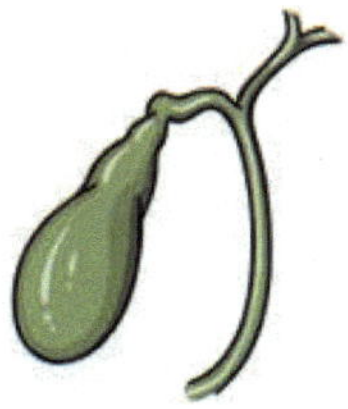

图 6-5-1　胆囊与输胆管道模式图

引导问题 4：描述胆囊底的体表投影，并在自己身上找到。

____

____

子任务 2：描述胆汁的输送路径。

肝外输胆管道

引导问题 1：肝外输胆管道是指肝门之外的胆道系统，包括________、________、__________和__________。

引导问题 2：阐述肝外输胆管道的走行。

引导问题 3：未进食时，胆汁的排出路径是怎样的？请完成流程图。

肝分泌胆汁 → ______ → ______ → ______ → 胆囊

引导问题 4：进食时，胆汁的排出路径是怎样的？请完成流程图。

胆囊收缩 → ______ → ______ → ______ → 十二指肠

进阶任务

结合胆汁的排出途径，分析案例中患者为什么出现胆囊管结石？

任务六　分析物质吸收的过程

一、学习情景

李某，男，51 岁，因“腹泻 6 年，加重半年”住院。患者于 6 年前曾有两次不明原因腹泻，每天 5～6 次，量中等，为黄色稀便和稀水样便，不含脓血，无里急后重感。经检查，诊断为“吸收不良综合征”。

二、学习目标

分析物质吸收过程。

三、任务实施

分析物质吸收过程。

子任务 1：描述吸收的概念。

引导问题 1：什么是吸收？

吸收的概念

引导问题 2：________是吸收的主要部位。为什么？

物质的吸收

子任务 2：分析物质吸收过程。

引导问题 1：物质吸收的方式包括__________、__________、__________和__________。

引导问题 2：总结主要营养物质的吸收部位和吸收方式。

吸收部位	吸收物质	吸收方式
胃	少量水分、酒精	
小肠		
大肠		

进阶任务

什么是吸收不良综合征？其对人体有何影响？

____

____

四、知识检测

检测试题　　参考答案

任务七　认识肝的生理功能

一、学习情景

小刚，35 岁，经常应酬喝酒。去年，小刚去体检被医院告知得了“酒精肝”。什么原因导致“酒精肝”？肝的主要功能是什么？

二、学习目标

认识肝的生理功能。

三、任务实施

认识肝的生理功能。

任务：认识肝的生理功能。

肝的生理功能

引导问题 1：__________分泌胆汁。

引导问题 2：肝的功能复杂，主要功能有哪些？

____

____

引导问题3：人体摄入的食物或者药物，大部分通过肝脏解毒。如果肝脏出现问题，对人体有什么影响？

______

______

进阶任务

什么是“酒精肝”？其对人体有什么危害？

______

______

四、知识检测

检测试题

参考答案

项目七
呼吸系统

呼吸系统是机体和外界进行气体交换的器官的总称。呼吸系统的功能主要是与外界进行气体交换，吸入氧气，呼出二氧化碳，完成气体吐故纳新。呼吸系统由肺和呼吸道组成。呼吸道是气体进出肺的通道，由鼻、咽、喉、气管和支气管组成。机体在进行新陈代谢的过程中，经呼吸系统不断地从外界吸入氧气，由循环系统将氧气运送至全身的组织和细胞，同时将细胞和组织所产生的二氧化碳再通过循环系统运送到呼吸系统排出体外。

学习目标

学生通过学习达成以下目标：

素质目标	1. 将解剖学知识运用到实践中，拯救生命，守护健康； 2. 肺部疾病重在预防，宣传健康的生活方式是每个医务人员应尽的职责； 3. 学习呼吸系统相关的急救知识，让学生认识医学强大的力量，力争努力学习，为医学事业贡献自己的力量。
知识目标	1. 掌握左、右主支气管形态的差别及肺的位置、形态和分叶； 2. 熟悉影响肺换气的因素，呼吸的类型，胸膜、胸膜腔的概念； 3. 了解喉腔、鼻腔的分部及肺通气的阻力。
能力目标	1. 准确指出呼吸系统各个器官的结构； 2. 将呼吸系统的解剖学知识运用到临床和生活实践中，解决实际问题； 3. 查阅资料，进一步了解日常不良嗜好对呼吸系统的影响。

任务一　认识呼吸系统的组成和功能

一、学习情景

人在出生以后，第一个重要的生命活动就是呼吸。呼吸时，我们将空气中的氧气吸入，呼出二氧化碳。整个呼吸过程，气体要经过哪些器官？我们先来认识一下呼吸系统的组成。

二、学习目标

1. 描述呼吸系统的组成器官；
2. 阐述呼吸系统的功能。

三、任务实施

描述呼吸系统的组成器官。

子任务 1：描述呼吸系统的组成。

呼吸系统的组成

引导问题 1：观察呼吸系统模型，并在图 7-1-1 中标出器官的名称。

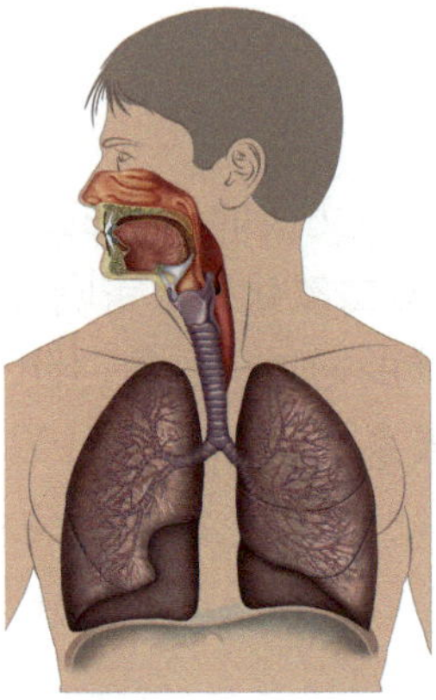

图 7-1-1　呼吸系统模式图

引导问题 2：上呼吸道包括______、______和______。

引导问题 3：下呼吸道包括______和______。

子任务 2：阐述呼吸系统的功能。

呼吸系统的功能

引导问题 1：呼吸系统的主要功能是什么？

____

____

四、知识检测

检测试题　　参考答案

任务二　认识呼吸道各器官的结构特点

一、学习情景

张某，男，4 岁，进食时因受惊吓哭闹，不慎发生呛咳，鼻孔有饭粒喷出。2 分钟后症状自行缓解。从嘴吃进的饭粒，为什么会从鼻孔喷出？

二、学习目标

1. 描述鼻、咽、喉、气管和支气管的位置、形态特点；

2. 辨析左、右支气管的不同。

三、任务实施

分析呼吸道各器官的结构特点。

子任务 1：认识鼻的结构。

引导问题 1：鼻是呼吸道的起始部，由______、______和______三部分组成。

引导问题 2：外鼻包括哪些结构？在图 7-2-1 中进行标注，并在自己身上指出。

鼻

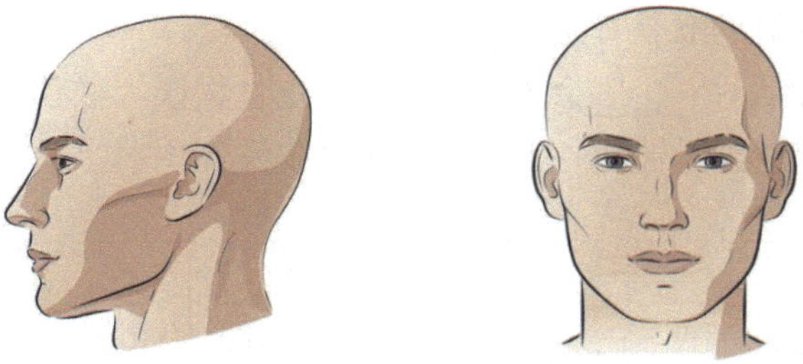

图 7-2-1　外鼻

引导问题 3：鼻腔通过鼻中隔分为左、右两腔，每侧鼻腔均分为______和______两部分。

引导问题 4：固有鼻腔外侧壁有上、中、下三个平行排列的长形弯曲隆起，分别称______、______和______。

引导问题 5：各鼻甲下方的空间分别称______、______和______。

引导问题 6：固有鼻腔的黏膜根据结构和功能的不同，分为______和______。

引导问题 7：四对鼻旁窦是______、______、______和______。

引导问题 8：请在图 7-2-2 中标注出四对鼻旁窦的位置。

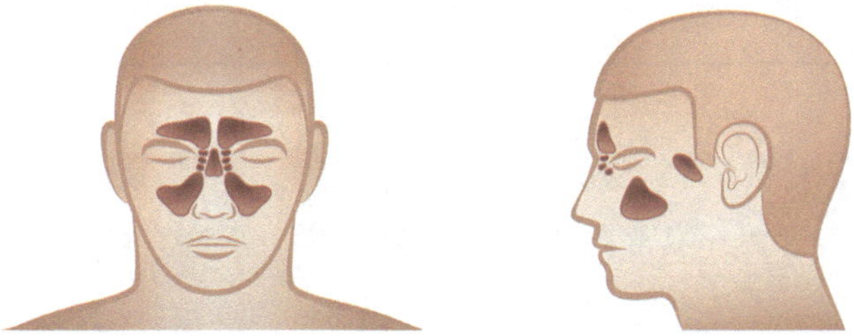

图 7-2-2　鼻旁窦的体表投影

引导问题 9：最大的鼻旁窦是______，开口于______。

子任务 2：认识喉软骨及喉腔。

引导问题 1：喉软骨是喉的支架，主要包括哪些结构？请在图 7-2-3 中进行标注。

咽

喉

喉的连结

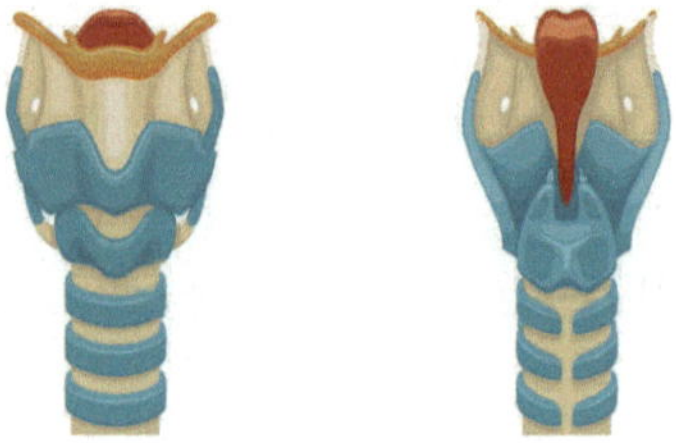

图 7-2-3　喉软骨

引导问题 2：最大的喉软骨是______。

引导问题 3：成对的喉软骨是______。

引导问题 4：吞咽时______会关闭喉口，防止食物误入喉腔。

引导问题 5：喉肌为骨骼肌，请简述喉肌的主要作用。

____

____

引导问题 6：喉腔的两侧壁上有上、下两对黏膜皱襞，上方一对称______，下方一对称______。

引导问题 7：喉腔最狭窄的部位是______。

引导问题 8：声带由______、______和______共同构成。

气管

子任务 3：认识下呼吸道。

引导问题 1：下呼吸道包括______和______，是连接喉与肺的管道。

引导问题 2：气管的上端在______，向下至______，分叉处称为______。

引导问题 3：支气管镜检查的定位标志在______。

引导问题 4：辨析左、右主支气管的特点。

	长短	管腔大小	走向
左主支气管			
右主支气管			

进阶任务

临床上行气管切开术常在什么位置进行？

____

____

进阶任务

经气管坠入的异物容易进入左主支气管还是右主支气管？为什么？

____

____

四、知识检测

检测试题　　参考答案

任务三　认识肺的结构特点

一、学习情景

肺掌控着呼吸功能，包括通气和换气。肺每天不断吸进氧气，排出二氧化碳，有2/5的时间在吸气，3/5的时间在呼气。肺帮助人体与外界进行气体交换，维持人体正常的生命活动。

二、学习目标

1. 描述肺的位置；
2. 辨认肺的形态；
3. 认识肺的细微结构。

三、任务实施

辨认肺的形态结构。

子任务1：描述肺的位置。

引导问题1：请正确描述出肺的位置。

____

____

子任务2：辨认肺的形态结构。

引导问题1：请在图7-3-1中标注肺尖、肺底、肺的前缘、下缘、后缘及心切迹。

肺

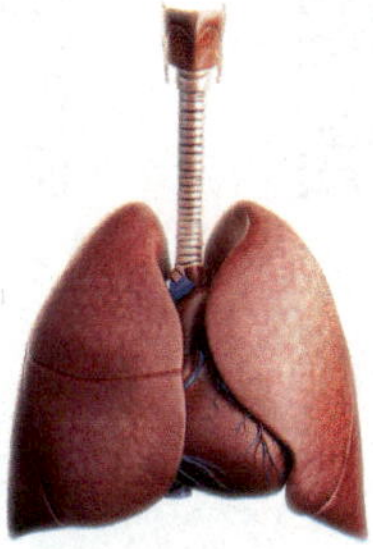

图7-3-1　肺的位置和形态

引导问题2：纵隔面中部凹陷，有主支气管、肺动脉、肺静脉、淋巴管、神经等出入，称为______，这些进出肺门的结构被结缔组织包绕成束，称______。

引导问题 3：左肺裂叶有______叶，右肺裂叶有______叶。

子任务 3：认识肺的细微结构。

引导问题 1：肺的结构单位是______。

肺的导气部

引导问题 2：由小支气管、细支气管在肺内分支至终末的细支气管是气体出入肺的管道，称______。

引导问题 3：呼吸性细支气管、肺泡管、肺泡囊和肺泡是气体交换的部位，称______。

肺的呼吸部

引导问题 4：气体交换的场所是______。

引导问题 5：肺泡壁由______和______两种细胞构成。

引导问题 6：列出肺泡Ⅰ型细胞和Ⅱ型细胞的区别。

	形态	位置	功能
Ⅰ型细胞			
Ⅱ型细胞			

引导问题 7：呼吸膜，又称气-血屏障，由______、______、______、______和______5 层结构合成。

引导问题 8：肺的功能血管是______和______，具有完成气体交换的作用。

引导问题 9：肺的营养血管是______和______。

肺的血管

进阶任务

支气管哮喘的患者，为什么会发生呼吸困难？

____

____

四、知识检测

检测试题　　参考答案

任务四　认识胸膜与胸膜腔

一、学习情景

王某，男，19 岁，因“胸闷、气急伴呼吸困难 1 天，加重 2 小时”入院。患者因昨日打篮球时突然出现右侧胸部撕裂样疼痛，剧烈咳嗽深呼吸时症状加重，伴有胸闷、气急，感呼吸困难，时有刺激性干咳，无明显咳痰，无畏寒、发热，无心悸。查体：体温 36.1 ℃，血压 127/75 mmHg，呼吸 22 次 /min，右肺叩诊呈鼓音，呼吸音消失，左肺呼吸音稍粗。胸片示：右侧气胸，压缩 70%。患者自起病以来食欲尚可，夜间睡眠欠佳。既往史：既往体健。该患者可能发生了什么疾病？

二、学习目标

1. 认识胸膜、胸膜腔的形态结构；
2. 分析胸膜腔的生理意义。

三、任务实施

分析胸膜腔的组成和意义。

子任务 1：认识胸膜、胸膜腔的形态结构。

引导问题：请在图 7-4-1 中标注出脏胸膜、壁胸膜和胸膜腔。

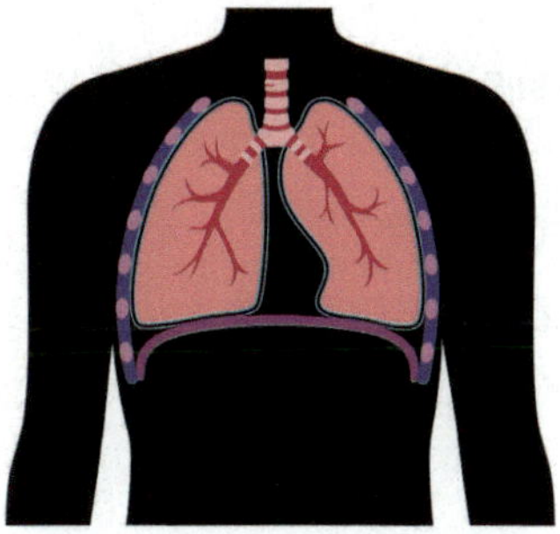

图 7-4-1　胸膜模式图

子任务 2：分析胸膜腔的生理意义。

引导问题 1：胸膜腔负压的生理意义。

____

____

引导问题 2：若患者出现胸腔积液，首先会聚集在______。

引导问题 3：两侧纵隔胸膜之间的全部器官、结构与结缔组织的总称是______。

胸膜和纵隔

纵隔

进阶任务

闭合性气胸有什么临床表现？对胸膜腔负压有没有影响？

____

____

四、知识检测

检测试题　　参考答案

任务五　分析呼吸的过程

一、学习情景

在小朋友的游戏中，有一种名叫“叠罗汉”的游戏，是由两个以上的人层层叠成各种样式。这种看似简单的游戏其实有一定的安全隐患，严重的情况下会导致人窒息甚至死亡。为什么这种小游戏会造成如此严重的后果？希望同学们学习完本节内容后，能找到答案。

二、学习目标

1. 区分胸式呼吸和腹式呼吸、平静呼吸和用力呼吸的不同；
2. 描述肺通气的过程；
3. 比较肺换气和组织换气的不同；
4. 阐述氧气和二氧化碳在血液中的运输形式。

三、任务实施

描述肺通气的过程。

子任务 1：分析呼吸过程。

引导问题：呼吸全过程分为几个组成部分，请在图 7-5-1 中对呼吸的每一个过程进行标注。

肺通气

肺通气的动力在临床上的应用

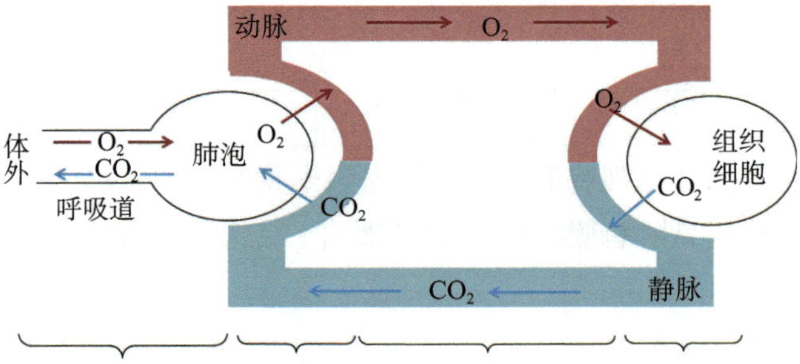

图 7-5-1　呼吸全过程示意图

子任务 2：分析呼吸功能。

肺通气的原理

引导问题 1：呼吸功能包括肺通气、气体在血液中的运输、内呼吸三个过程，请具体分析每一个过程。

引导问题 2：肺通气的直接动力是______。

引导问题 3：根据肺通气的原理，描述在吸气时和呼气时，呼吸肌和胸廓的变化。

____

____

引导问题 4：外呼吸的结果是______，内呼吸的结果是______。

引导问题 5：O_2 和 CO_2 在血液中的运输形式有______和______两种。

引导问题 6：完善下列 O_2 化学结合反应图。

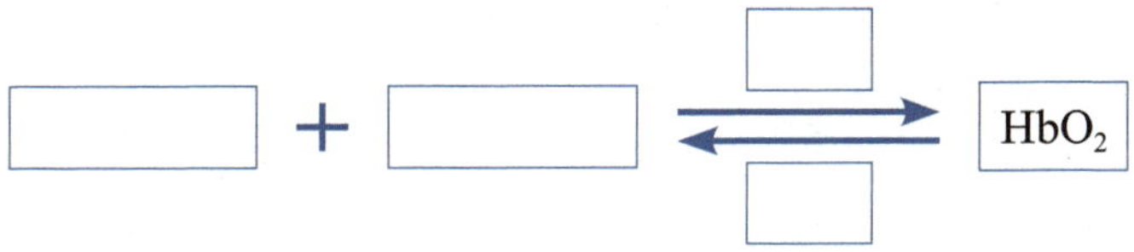

肺弹性阻力的变化对呼吸运动的影响

气体的交换

气体在血液中的运输

肺通气和肺换气

进阶任务

急性呼吸困难的患者，嘴唇为什么会发绀？

____

____

四、知识检测

检测试题　　参考答案

任务六　分析肺功能的衡量指标

一、学习情景

王某，女，24 岁。单位体检时肺活量测试：肺活量为 1.5 L。体检报告单结果：建议加强体育锻炼。

二、学习目标

1. 熟记肺活量的正常值及生理意义；
2. 阐述衡量肺通气功能的指标及其意义。

三、任务实施

列举衡量肺通气功能的指标及其意义。

子任务 1：区分肺功能指标。

引导问题 1：每次呼吸时，吸入或呼出的气体量称为______。

肺容量和肺通气量

引导问题 2：平静吸气末，再尽力吸气所能增加的吸入气量称为______。

引导问题 3：平静呼气末，再尽力呼气所能增加的呼出气量称为______。

引导问题 4：肺活量是______、______和______之和。

引导问题 5：我们每次吸入的所有气体都能进行气体交换吗？

____

____

肺通气量

子任务 2：阐述肺功能的意义。

引导问题：根据所学知识，完善肺功能指标的表格。

肺功能指标	定义	正常参考值	临床意义
潮气量（VT 或 TV）			
补呼气量（ERV）			
补吸气量（IRV）			
残气量（RV）			
功能残气量（FRC）			
肺活量（VC）			
肺总量（TLC）			

四、知识检测

检测试题　　参考答案

任务七　分析呼吸运动的调节（含呼吸运动的控制）

一、学习情景

我们能平静呼吸，也能用力吸气、用力呼气，都是因为人体能对呼吸进行自由的调节。

二、学习目标

1. 描述呼吸中枢的形成；
2. 概括呼吸运动的反射性调节。

三、任务实施

分析呼吸运动的调节。

子任务1：认识调节呼吸运动的中枢。

引导问题1：______是呼吸中枢节律性活动的反映。

引导问题2：正常呼吸节律是______和______呼吸中枢共同活动形成的。

引导问题3：在结构上______、______和______参与了调节作用。

引导问题4：由肺的扩张或缩小引起的吸气抑制或兴奋的反射称______。

引导问题5：请简述呼吸运动的调节过程。

______

______

呼吸中枢

子任务2：概括呼吸运动的反射性调节。

引导问题1：呼吸运动的反射性调节包括______、______和______。

引导问题2：什么是呼吸运动的化学性调节？

______

______

引导问题3：咳嗽一定是不好的吗，为什么？

______

______

引导问题4：打喷嚏就是感冒了吗？

______

______

防御性呼吸反射

呼吸运动的调节

进阶任务

患者，男，81岁，因"气促、神志模糊"入院。活动时呼吸困难数年，夜间有时感觉憋气，近来活动减少。数次急诊为"支气管炎和肺气肿"。有20多年的吸烟史。查体：肥胖、神志恍惚、反应迟钝。脉搏110次/min，血压170/110 mmHg，呼吸18次/min。肺有散在哮鸣音、心音弱，颈静脉怒张，外周水肿。辅助检查：动脉血 PaO_2 50 mmHg、$PaCO_2$ 65 mmHg、pH 7.33。X片见肺野清晰，心脏大。超声心动图见右心增大。请以已学知识分析该患者是否发生呼吸衰竭。

______

______

四、知识检测

检测试题　　参考答案

项目八
泌尿系统

泌尿系统的主要功能是排出机体的代谢产物。机体在新陈代谢过程中产生的废物，如尿酸、尿素、多余的水分和无机盐等，经血液运输到肾，在肾内形成尿液，经输尿管进入膀胱暂时储存，当达到一定量时，经尿道排出体外。肾在形成尿液的过程中，还参与了体内水平衡、电解质平衡和酸碱平衡的调节，对维持内环境稳定具有重要意义。

学习目标

学生通过学习达成以下目标：

素质目标	1. 培养学生具备观察、综合判断的能力； 2. 通过认识正常泌尿系统功能对机体的重要意义，培养学生的爱伤观念，能理解疾病对泌尿系统疾病患者带来的不便。
知识目标	1. 掌握泌尿系统的器官组成和主要功能； 2. 掌握肾单位的构造及生理功能； 3. 熟悉输尿管、膀胱、尿道的位置与形态； 4. 熟悉尿液生成的过程及影响因素。
能力目标	1. 能解释泌尿系统器官的生理功能； 2. 能在正常人体上定位泌尿系统器官的位置； 3. 能分析尿液生成与排出的影响因素； 4. 能分析泌尿系统常见疾病的临床表现，并做出相应的健康指导。

任务一　认识泌尿系统的组成和功能

一、学习情景

一提到尿毒症，很多人都认为它是一个独立的疾病，而实际上它是多种肾脏疾病晚期所共有的临床综合征。慢性肾功能衰竭导致水、电解质紊乱，代谢产物在体内大量潴留，呈现出涉及消化道、心、肺、神经、血液、皮肤等结构的广泛的全身中毒症状。由此看来，泌尿系统在排泄代谢产物、有毒物质、过剩物质，维持内环境稳态上具有重要的意义。那泌尿系统是如何排泄的？其又由哪些器官组成？

二、学习目标

1. 认识泌尿系统的组成；

2. 概括泌尿系统各个器官的功能。

三、任务实施

概括泌尿系统的器官组成及功能。

子任务 1：对泌尿系统的器官进行排序。

引导问题 1：泌尿系统由__________、__________、__________和__________组成，是人体代谢产物的重要排泄途径。

引导问题 2：请在图 8-1-1 中标注出泌尿系统的各个器官。

泌尿系统的组成

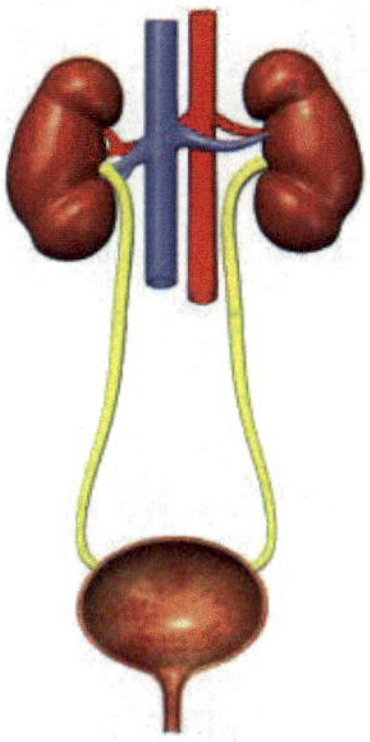

图 8-1-1　泌尿系统模式图

子任务 2：认识泌尿系统各个器官的生理功能。

引导问题 1：__________是尿液生成的部位，尿液经过输尿管运输。

引导问题 2：根据泌尿系统各器官的功能，填写下面内容。

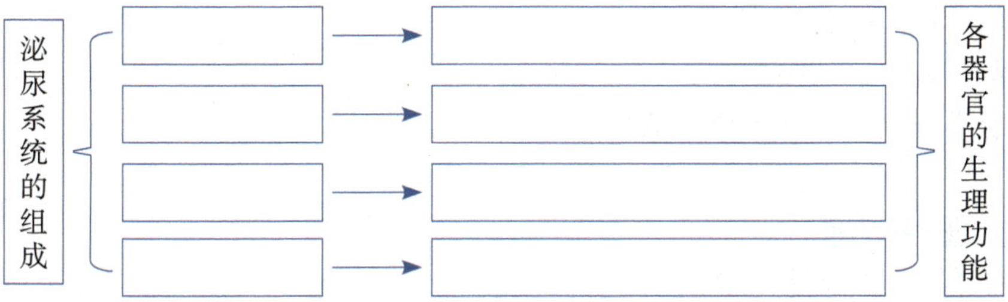

引导问题 3：观察泌尿系统的组成，绘制泌尿系统各器官的连接情况，并用箭头标注尿液从生成到排出的过程。

绘制区域

进阶任务

请解释尿毒症与泌尿系统的功能之间的联系。

____

____

四、知识检测

检测试题　　参考答案

任务二　辨析肾的结构特点

一、学习情景

患者张先生，自述1个多小时前无明显诱因出现右腰肾区钝痛不能忍受，有尿意，小便时有急胀感，量不多，小便断断续续，滴沥不尽，伴有尿道口阵发性疼痛。专科检查情况：腹软，无压痛及反跳痛，未触及包块。左肾区无叩击痛，右肾区叩击痛，双输尿管行程区轻压痛。膀胱不充盈。初步诊断为“泌尿系统结石”。

二、学习目标

1. 认识肾的结构组成；
2. 辨析肾单位的结构；
3. 能准确描述肾在人体内的位置。

三、任务实施

概括肾的位置及结构组成。

子任务1：描述肾的位置。

肾区的位置

引导问题1：根据图8-2-1所示，肾位于__________腔后上部，分布于脊柱两侧，左右各一，但并非对称于人体正中线，两个肾呈现左__________右__________的趋势。

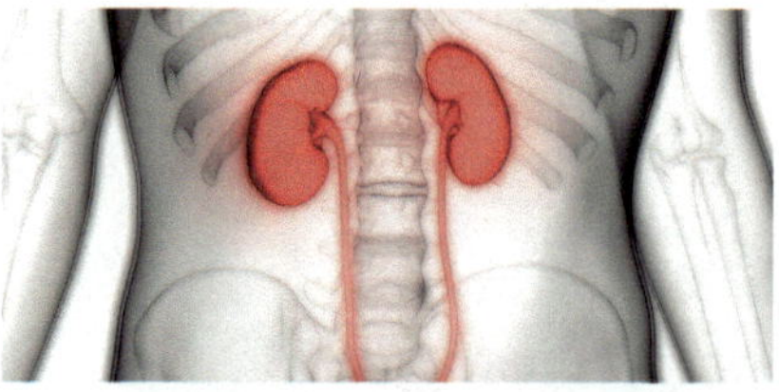

图8-2-1　肾的位置

引导问题 2：请简述在人体上如何定位肾区。

____

____

子任务 2：认识肾的宏观结构。

引导问题 1：请在图 8-2-2 中标注出肾的形态结构。

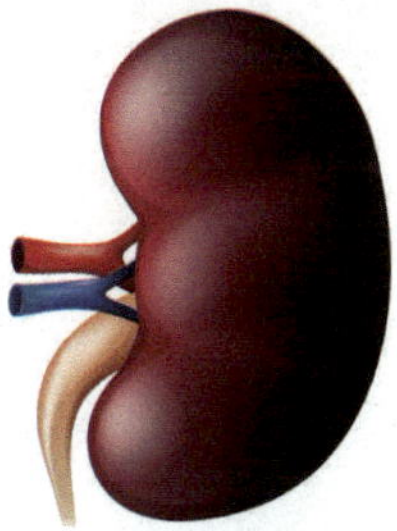

图 8-2-2　肾的形态

引导问题 2：请在图 8-2-3 中标注出肾的冠状切面结构。

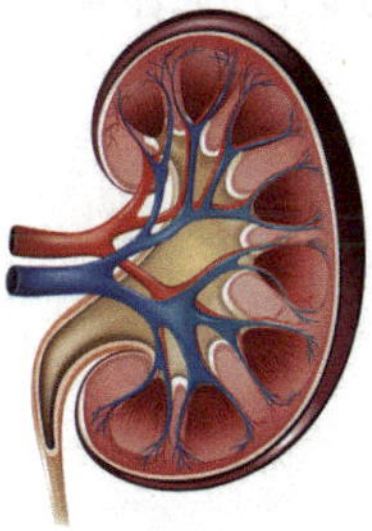

图 8-2-3　肾的冠状切面结构

子任务 3：认识肾单位的结构。

引导问题 1：肾单位由__________和__________两部分组成。其中，肾小体由__________和__________末端膨大包绕而形成。

引导问题 2：__________能将若干集合管汇合成乳头管，尿液由此流入肾小盏。

引导问题 3：根据上述对肾单位的认识，在图 8-2-4 中标注出肾单位的组成。

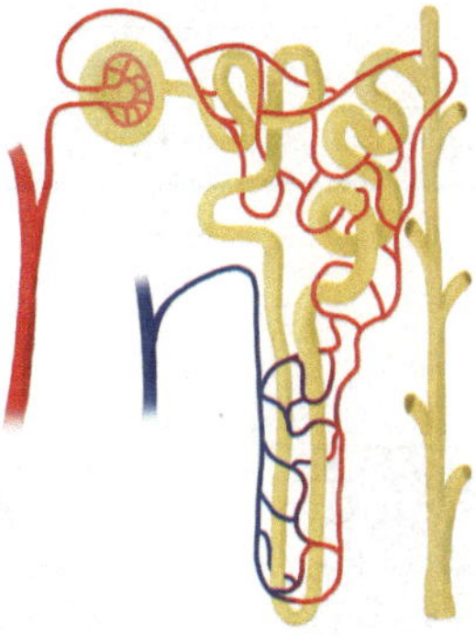

图 8-2-4　肾单位

肾的形态

肾的结构

肾单位的结构

引导问题 4：在图 8-2-5 中标注出肾小体的结构组成，并对其进行描述。

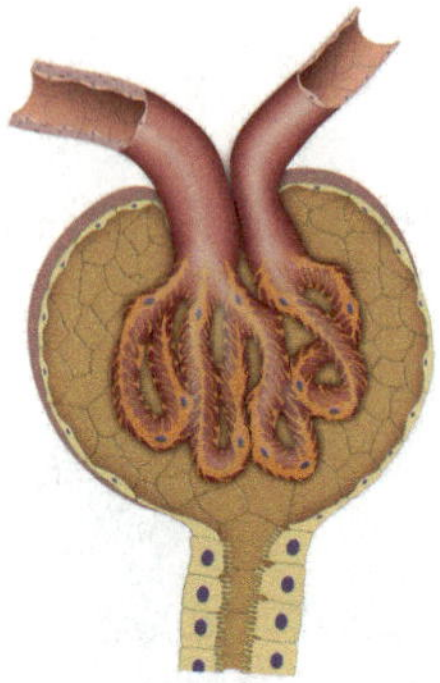

图 8-2-5　肾小体的结构

引导问题 5：简述血浆经肾小球滤过，分别经过哪几层生物膜结构。

引导问题 6：绘制出肾小球的滤过膜结构的示意图。

绘制区域

进阶任务

请结合学习情景中的案例，分析该患者的结石出现的位置及理由。

四、知识检测

检测试题　　参考答案

任务三　对比各泌尿管道的结构特点

一、学习情景

患者，男，66 岁，因“摔伤后腹痛 8 小时伴排尿困难”入院。家属述，患者于 8 小时前曾大量饮酒。入院检查发现患者面色苍白，留置导尿管后出现大量血尿，血压 70/40 mmHg。腹部 CT 提示：膀胱内大量积血、腹腔内积血，怀疑膀胱破裂出血。

二、学习目标

1. 概括输尿管的分部及形态特点；
2. 阐述膀胱的分部，以及膀胱三角的临床意义；
3. 对比归纳男性、女性尿道的区别。

三、任务实施

概括各泌尿道的结构特点。

子任务 1：输尿管的分部及其生理结构特点。

输尿管

引导问题 1：输尿管是一对由__________组成的管道，可分为__________段。

引导问题 2：在图 8-3-1 中标出输尿管的分段。

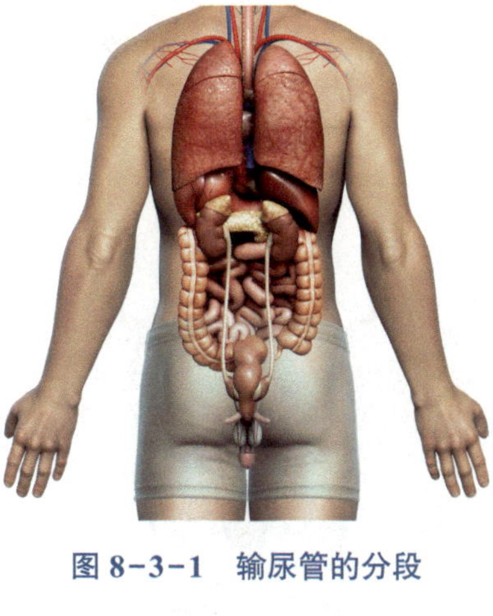

图 8-3-1　输尿管的分段

引导问题 3：根据输尿管的结构特点，分别描述三个生理狭窄的位置。

输尿管的三个狭窄
- 第一狭窄 ________________________________
- 第二狭窄 ________________________________
- 第三狭窄 ________________________________

进阶任务

结合输尿管的生理结构特点，请简述输尿管结石最容易嵌留的部位，并说明原因。

____

____

子任务2：认识膀胱的位置及其分部。

引导问题1：膀胱位于__________。膀胱空虚时全部位于盆腔内，膀胱尖不超过__________上缘；充盈时__________可高出耻骨联合上缘。

膀胱位置

引导问题2：请在图8-3-2中标出膀胱的分部。

膀胱的分部

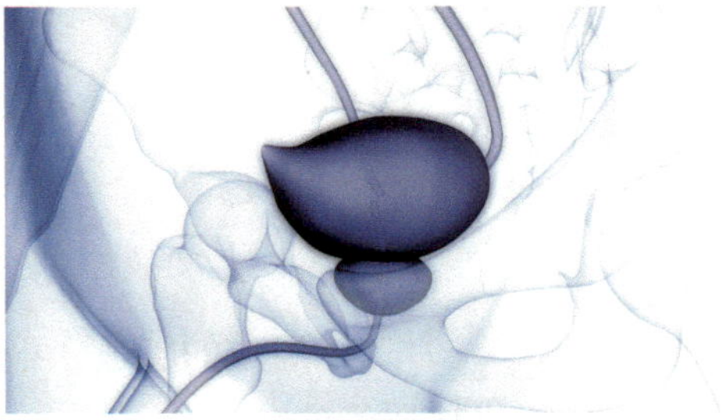

图8-3-2 膀胱

引导问题3：描述膀胱三角（图8-3-3）的位置。

____

____

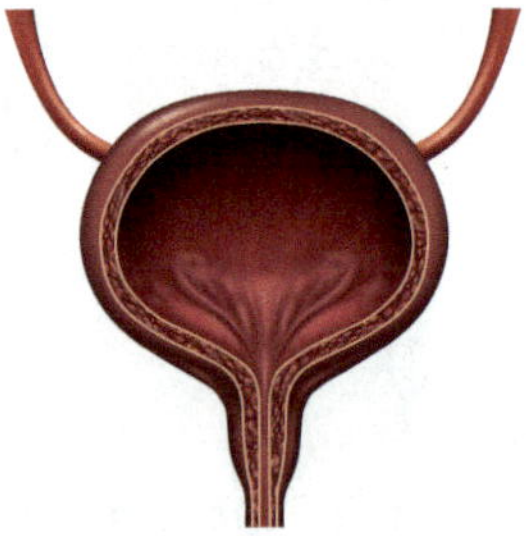

图8-3-3 膀胱三角

进阶任务

结合膀胱内部结构特点分析，为什么膀胱三角是肿瘤的好发部位？

____

____

子任务 3：区分男性、女性尿道的结构特点。

引导问题 1：根据图 8-3-4 所示，男性尿道由________、________和________三个部分组成；女性尿道与男性尿道相比，其特点为________、________、________。

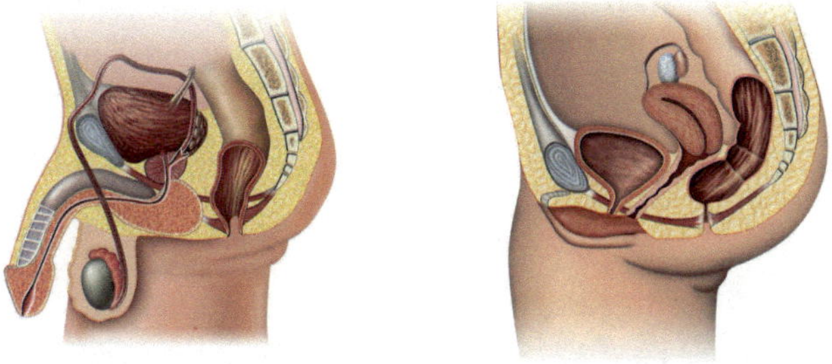

图 8-3-4　男性（左）和女性（右）尿道对比图

引导问题 2：根据男性和女性尿道的结构特点完成表格。

男性尿道的结构特点	女性尿道的结构特点

四、知识检测

检测试题　　参考答案

任务四　概括尿生成与排出的过程

一、学习情景

患者，男，30 岁，因“上呼吸道感染、高热”，医生给予静脉输液进行治疗。在输液过程中，男子对其尿意明显感到不解：输液前才去了厕所，为什么这么快就又有了尿意？你能帮他解答吗？

二、学习目标

1. 描述肾单位中尿液生成的过程；
2. 分析肾小管重吸收的主要部位及主要物质。

三、任务实施

分析尿液生成与排出的过程。

子任务 1：尿液的生成过程。

肾小球的滤过

引导问题 1：请在下方绘制出肾小体的基本结构，并用箭头标注出原尿形成的过程。

绘制区域

引导问题 2：尿液形成的第一步称为__________，血浆经滤过后进入肾小囊内称为__________。

子任务 2：分析重吸收与再分泌的生理意义。

肾小管与集合管的重吸收

引导问题 1：试着分析重吸收的主要部位在哪里，为什么？

引导问题 2：重吸收最主要的物质是什么，有何生理意义？

引导问题 3：根据图 8-4-1，分析肾小管和集合管分泌的最主要的物质是什么，有何生理意义？

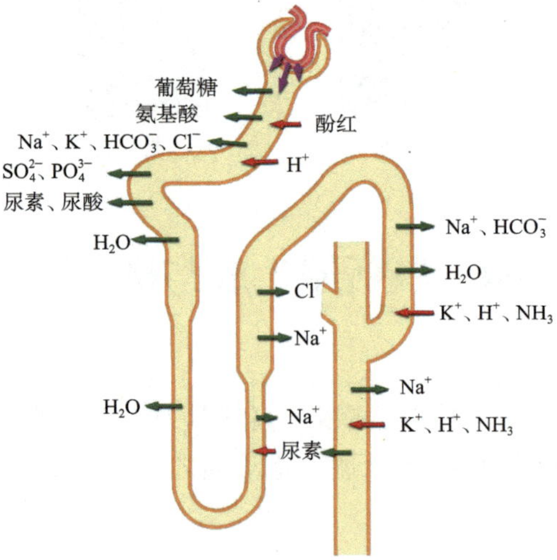

图 8-4-1　肾小管和集合管重吸收、排泄和分泌示意图

引导问题 4：根据尿液从原尿到终尿的过程，在图 8-4-2 中填写其中缺失环节的名称。

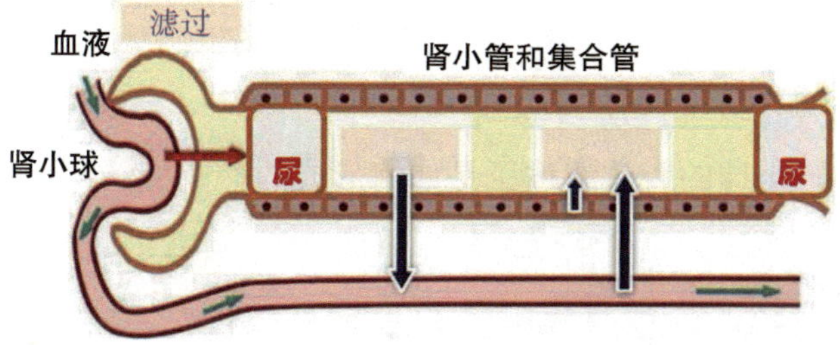

图 8-4-2　肾小管和集合管重吸收与分泌示意图

进阶任务

随着输液量的增加，肾血流量与尿量该如何变化？

___

___

四、知识检测

检测试题　　参考答案

任务五　分析肾小球滤过的影响因素

一、学习情景

患者，男，58 岁，因心衰入院抢救。入院时患者神志不清，已发生休克。24 h 尿量不足 100 mL。那么正常尿量是多少？

二、学习目标

1. 描述尿液生成的条件；
2. 分析影响肾小球滤过的影响因素。

三、任务实施

分析肾小球滤过的影响因素。

子任务 1：分析肾小球滤过的条件。

引导问题 1：请在下方绘制出肾小体的基本结构，并标注肾小球滤过的动力与阻力。

绘制区域

引导问题 2：肾小球的有效滤过压是如何形成的？

肾小球有效滤过压	=		−	

引导问题 3：分析肾小球滤过的条件有哪些？

____

____

子任务 2：分析影响肾小球滤过的因素有哪些？

引导问题 1：影响肾小球滤过的前提条件有哪些？

____

____

引导问题 2：试着分析影响肾小球滤过的因素。

____

____

引导问题 3：绘制流线图阐明肾血流量、肾小球有效滤过压、滤过膜的通透性分别变化时尿量的变化。

肾小球有效滤过压的形成

滤过膜的完整性

肾血流量

绘制区域

进阶任务

试分析失血过多时为什么尿量会减少，尿量异常有哪些情况？

____

____

四、知识检测

检测试题

参考答案

任务六　分析尿生成的调节

一、学习情景

小张是一名炼钢厂的工人，平时作业环境温度较高，小张也常备足饮用水。小张自述，一天工作下来水喝了不少，但是也很少排尿。这是为什么？你能帮他解答吗？

二、学习目标

1. 阐述正常的尿量值、尿液的基本性质和排出过程；
2. 分析抗利尿激素、醛固酮在尿生成的调节过程中起到的作用。

三、任务实施

分析尿生成的调节。

子任务 1：认识正常的尿量及尿液的基本性质。

引导问题 1：正常成年人的尿量是__________。

引导问题 2：请简述不正常的尿量，即多尿、少尿、无尿的区别。

____

____

引导问题 3：正常新鲜的尿液颜色为__________；在正常不过度饮水的情况下，人体排出的尿液比血浆渗透压__________；尿液通常呈现__________性，pH 介于__________之间。

尿量

尿液的性质

子任务 2：分析抗利尿激素与醛固酮对尿液生成的影响。

引导问题 1：抗利尿激素__________合成并释放的激素，主要作用于__________与__________上皮细胞，促进其对__________的重吸收功能，从而减少尿量，所以命名为__________。

抗利尿激素

引导问题 2：绘制抗利尿激素对尿液生成的调节机制的示意图。

绘制区域

引导问题 3：醛固酮是由__________所分泌的一种激素，主要生理功能是促进__________和__________对__________的重吸收作用，同时也促进了__________的分泌，故有保__________排__________间接保水的作用。

引导问题 4：绘制醛固酮对尿量的调节机制的示意图。

醛固酮

绘制区域

进阶任务

试分析醛固酮综合征为什么会引起血压升高、血钾降低？

四、知识检测

检测试题　　参考答案

任务七　分析膀胱控制的相关因素

一、学习情景

小明，5 岁，聪明伶俐，但每天在幼儿园午睡时，要么不睡，要么睡觉便一定会尿床。老师和家长们每次交流，都对这个问题进行讨论，也试了很多办法，如每天睡前少喝水、睡前一定再提醒如厕、入睡后每隔一段时间就叫其去如厕等，可是都没有成功。你能解释其原因吗？

二、学习目标

1. 描述尿液的排出过程；
2. 阐述异常的排尿情况。

三、任务实施

分析膀胱控制的相关因素。

子任务 1：认识尿液排出的过程。

引导问题 1：根据泌尿系统器官的组成，用流线图画出尿液排出路径。

绘制区域

引导问题 2：简述尿意是如何产生的。

____

____

引导问题 3：用思维导图绘制排尿反射的示意图。

绘制区域

子任务 2：认识异常的排尿情况。

引导问题 1：临床上常把尿路刺激征、__________、__________和__________称为异常排尿现象。

引导问题 2：尿路梗阻导致排尿困难，膀胱充盈时尿液不能自行排出，这种现象称为__________。

引导问题 3：由各种因素引起的膀胱内高压合并尿道低压，所导致的无意识排尿称为__________。

引导问题 4：结合任务学习情景，请简述尿液正常排出的调控机制。

____

____

尿意的产生

排尿反射

异常的排尿现象

进阶任务

试分析为什么尿失禁患者需要进行排尿训练？

____

____

四、知识检测

检测试题　　参考答案

项目九
生殖系统

生命起源于精子和卵子的结合，男性生殖系统的睾丸产生精子，经输精管通道通过性交进入女性阴道，到达输卵管，从卵巢产生的卵子成熟后排至腹膜腔，再经输卵管腹腔口进入输卵管，在输卵管壶腹部与精子相遇并受精后，受精卵分裂并移向子宫腔，植入子宫内膜发育为成熟的胎儿，经阴道娩出体外。

学习目标

学生通过学习达成以下目标：

素质目标	通过生命价值教育，理解母亲孕育生命的伟大与辛苦，引领学生尊重母亲，关爱女性。
知识目标	1. 掌握精子产生和排出体外的具体过程； 2. 熟悉男性生殖器官与女性生殖器官的相关临床常见疾病防治常识； 3. 了解精子与卵子结合的基本方式与具体过程； 4. 掌握男性生殖系统和女性生殖系统的组成，各部分器官的形态、结构及主要生理功能。
能力目标	1. 结合模型讲述男性生殖系统的组成，器官形态、结构的特点； 2. 结合模型讲述女性生殖系统的组成，器官形态、结构的特点； 3. 培养学生表达、讲解知识的能力，能够正确描述受精过程。

任务一　描述男性生殖系统的结构特点

一、学习情景

患者，男，41 岁。3 年前出现尿频、尿痛，曾在数家医院诊断为“慢性前列腺炎”。现因出现下腹隐痛、肛门坠胀、尿不尽、夜尿增多、早泄等症状就诊。查体：肛门指诊双侧前列腺明显增大、压痛、质偏硬，中央沟变浅，肛门括约肌无松弛。

二、学习目标

1. 描述男性生殖系统的组成；
2. 描述睾丸的形态、位置及功能；
3. 熟记男性尿道的分部、三个狭窄和两个弯曲的生理意义。

三、任务实施

认识男性生殖系统的组成及功能。

子任务 1：认识男性内生殖器。

男性内生殖器

引导问题 1：男性生殖功能主要有：________、________、________。

引导问题 2：根据男性内生殖器的结构，完成下列思维导图。

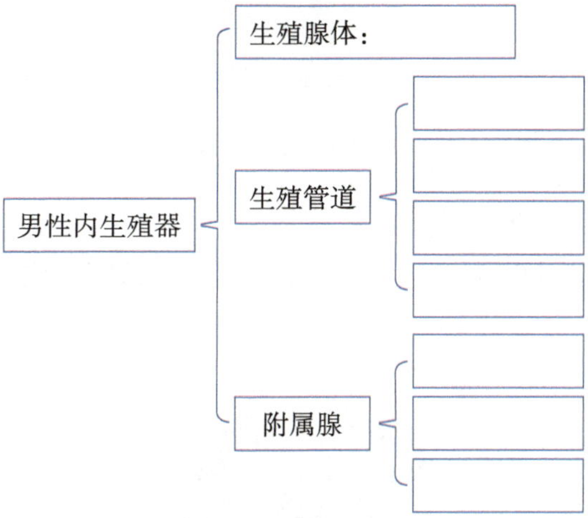

引导问题 3：根据睾丸的相关知识点，完成表格。

	睾丸
形态	
位置	
功能	

睾丸

引导问题 4：请在图 9-1-1 中对睾丸的结构进行标注。

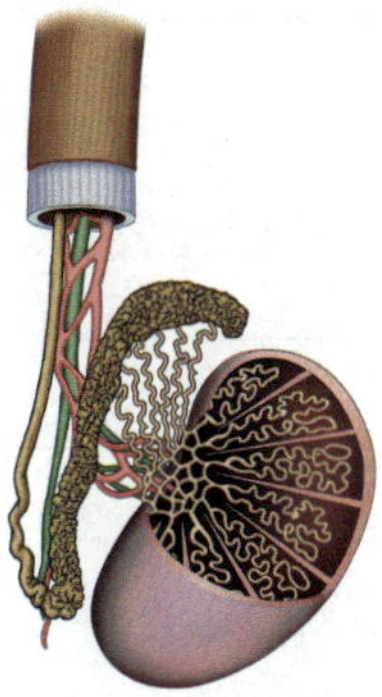

图 9-1-1　睾丸

引导问题 5：附睾从上到下分为头、体、尾三部，上端膨大为____，中部扁圆为____，下端细圆为____。

附睾

引导问题 6：请在图 9-1-2 中标注出附睾的结构。

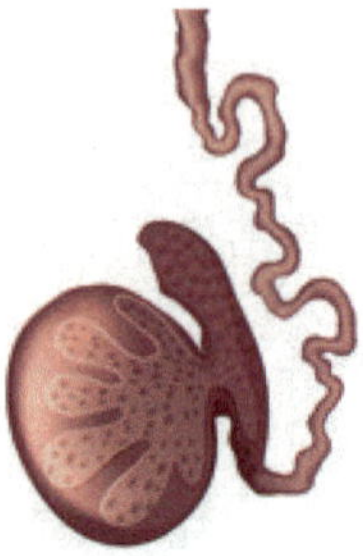

图 9-1-2　附睾

输精管和射精管

引导问题 7：输精管全长分为__________、__________、__________和__________。

引导问题 8：请在图 9-1-3 中标注出输精管、输精管壶腹部和前列腺。

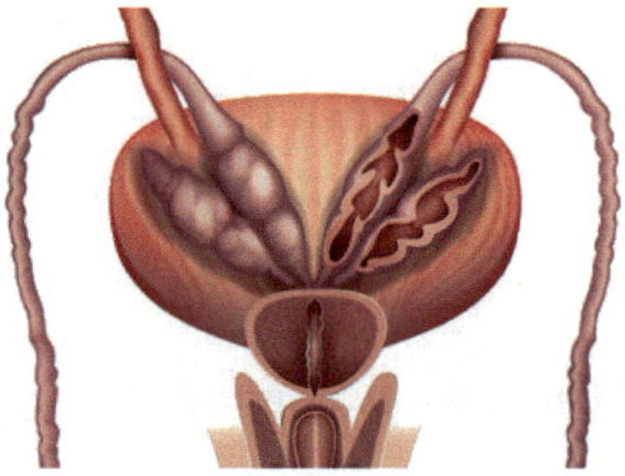

图 9-1-3　膀胱、前列腺、精囊和尿道球腺

进阶任务

男性结扎术的结扎部位在哪个位置？并说明原因。

____

____

附属腺

引导问题 9：附属腺包括__________、__________和__________。

引导问题 10：根据附属腺相关知识点，完成表格。

附属腺	形态	位置	功能
精囊			
前列腺			
尿道球腺			

子任务 2：认识男性外生殖器。

引导问题 1：男性外生殖器包括________和________。

引导问题 2：根据阴茎的相关知识点，完成表格。

外生殖器	位置	分部	功能	海绵体
阴茎				

引导问题3：根据阴囊的相关知识点，完成表格。

外生殖器	位置	形态	阴囊壁厚度的影响
阴囊			

阴茎和阴囊

子任务3：认识男性尿道。

引导问题1：男性尿道可分为____、____、____三部分；成人尿道长约____cm。

引导问题2：男性尿道的三个狭窄分别位于______________、______________和______________；两个弯曲是______________、______________。

引导问题3：思考男性尿道的两个弯曲是否能改变。如果能，如何才能改变？

____

____

引导问题4：根据男性尿道相关知识点，完成下列表格。

结构	长度	分部	功能	狭窄	弯曲
男性尿道					

男性尿道的分部

进阶任务

临床上，男性尿道护理的注意事项有哪些？

____

____

引导问题5：通过学习男性生殖系统，完成表格。

类型	结构	功能
内生殖器（体表看不到）	睾丸	
	附睾	
	输精管	
	精囊腺	
	前列腺	
外生殖器（体表能看到）	阴茎	
	阴囊	

四、知识检测

检测试题　　参考答案

任务二　分析精子生成的过程

一、学习情景

患者，男，27 岁，自述婚后 3 年未育。现患者腰膝酸软，头晕，夜尿多，神疲乏力。精液检查结果显示精子密度、活动率很低，且精子质量低。根据案例，请思考该男子未育的原因是什么？精子是怎样形成的？

二、学习目标

1. 正确说出生成精子的部位；
2. 阐述精子的形成过程；
3. 正确说出精子的形态、结构。

三、任务实施

认识精子的形成及生理功能。

子任务 1：认识精子。

精子的形成过程

引导问题 1：精子产生的部位是____。

引导问题 2：完成精子的形成过程。

精原细胞 → [　　] → [　　] → [　　] → 精子

引导问题 3：描述精子的形态。

____

____

睾丸的功能

引导问题 4：根据睾丸的内分泌功能，完成雄激素作用的思维导图。

雄激素 —作用→
1.
2.
3.
4.
5.
6.
7.

子任务 2：认识精液组成。

引导问题 1：精液由________和________组成，正常男性每次射精的精液量约_____mL，每毫升精液约含精子________个。

精液的组成

引导问题 2：完成精液的排出路径。

睾丸 → ______ → ______ → ______ → ______ → 尿道

进阶任务

遗精是否正常，为什么？

____

____

子任务 3：认识男性不育症。

引导问题 1：隐睾为什么会影响男性的生育能力？

隐睾

____

____

引导问题 2：精索静脉曲张为什么会影响男性的生育能力？

精索静脉曲张

____

____

四、知识检测

检测试题　　参考答案

任务三　认识女性生殖系统的结构特点

一、学习情景

患者，女，12 岁，因“慢性扁桃体炎”入院。定于入院后的第 3 天进行双侧扁桃体摘除术，入院后手术当天患者阴道流血，患者恐慌不知所措。经过检查，患者月经初潮，暂停手术。为什么该患者会暂停手术？

二、学习目标

1. 阐述女性生殖系统的组成，卵巢的位置、形态和结构，输卵管的形态、分部；
2. 区分男性生殖器和女性生殖器；
3. 了解子宫的微细结构以及子宫内膜的周期性变化。

三、任务实施

认识女性生殖系统的组成及生理功能。

女性内生殖器

子任务 1：认识女性内生殖器。

引导问题 1：在女性内生殖器中，生殖腺是________，生殖管道包括________、________和________。

引导问题 2：根据卵巢的相关知识点，完成表格。

结构	位置	形态	结构	功能	固定装置
卵巢					

引导问题 3：输卵管由内侧向外侧分为____、____、____和____。

引导问题 4：在图 9-3-1 中标注出输卵管的分部。

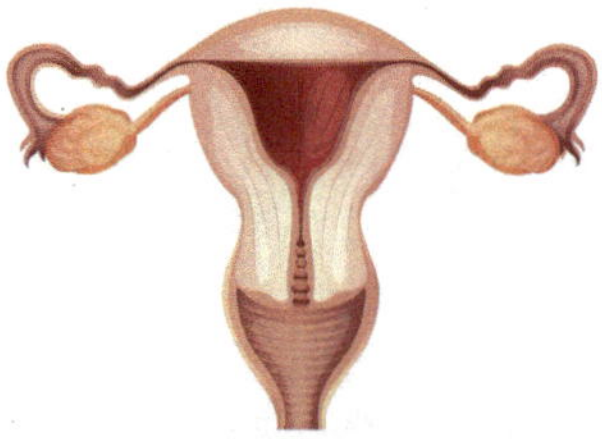

图 9-3-1　女性内生殖器结构图

输卵管

引导问题 5：输卵管各部分的临床意义及结扎的部位。

____

____

子宫的位置

引导问题 6：用简图画出子宫的位置。

绘制区域

引导问题 7：请在图 9-3-2 中标注出子宫底、体、颈三个部分，并找出肿瘤好发的部位。

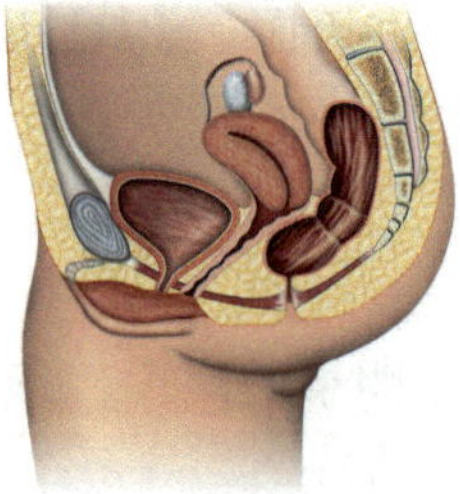

图 9-3-2　女性盆腔正中矢状面

子宫的形态

引导问题 8：画出子宫壁的韧带并进行标注。

绘制区域

子宫壁的固定装置

引导问题 9：子宫壁由外向内分为________、________和________。

引导问题 10：请画图表示尿道、阴道和肛门的位置关系。

子宫壁的结构

绘制区域

阴道

进阶任务

临床上可经阴道后穹穿刺或引流进行诊断和治疗，解释其原因。

____

____

引导问题 11：根据子宫的相关知识点，完成表格。

结构	位置	形态	分部	固定装置
子宫				

子任务 2：认识女性外生殖器。

引导问题 1：女性外生殖器又称________，包括________、________、________、________等。

女性外生殖器

引导问题 2：根据女性外生殖器的结构，完成图 9-3-3。

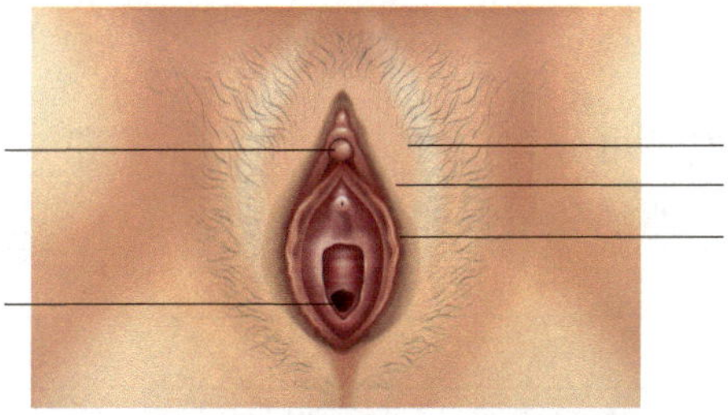

图 9-3-3　女性外生殖器

会阴

子任务 3：认识会阴的结构。

引导问题 1：广义的会阴是指____；狭义的会阴是指____。

引导问题 2：在图 9-3-4 中标注出会阴的境界和分区。

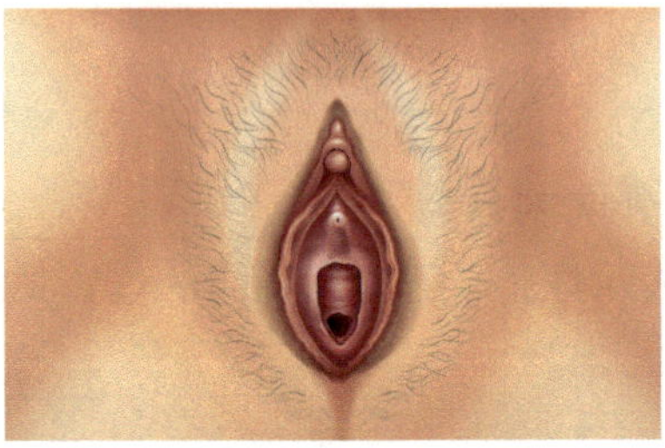

图 9-3-4　会阴的境界和分区

乳房

四、知识检测

检测试题　　参考答案

任务四　分析卵子生成的过程

一、学习情景

患者，女，28 岁，结婚 4 年，至今未孕，到医院就诊。患者检查提示输卵管堵塞，经输卵管通液术治疗后第 3 个月成功受孕。输卵管为什么会堵塞？

二、学习目标

1. 能正确说出生成卵子的部位；
2. 能阐述卵子的形成过程。

三、任务实施

全面认识卵子的生成过程。

卵子的生成过程

子任务 1：认识卵子。

引导问题 1：卵泡的发育可分为________、________和________。

引导问题 2：比较原始卵泡和生长卵泡的区别。

____

____

卵泡的发育

引导问题 3：用思维导图表示卵泡的发育阶段。

思维导图

卵泡的成熟

子任务 2：认识排卵的过程。

引导问题 1：成熟卵泡内的卵泡液剧增，内压升高，最后破裂。次级卵母细胞、透明带和放射冠随卵泡液脱离卵巢表面排入腹膜腔的过程，称________。女性一生中排________个卵。

排卵

引导问题 2：用思维导图表示受孕和未受孕黄体的变化。

思维导图

黄体

子任务 3：认识卵巢的内分泌功能。

引导问题 1：卵巢主要分泌________、________和________。

引导问题 2：完成下列思维导图。

卵巢的内分泌功能

- 雌激素
  - 对生殖器官的作用
    - 1.
    - 2.
    - 3.
    - 4.
    - 5.
  - 促进乳腺及第二性征的发育
    - 1.
    - 2.
  - 对代谢的作用
    - 1.
    - 2.
    - 3.

雌激素

引导问题 3：完成下列思维导图。

孕激素

- 孕激素
  - 对子宫的作用 → 1. ______ 2. ______
  - 对乳腺的作用 → ______
  - 产热作用 → ______

引导问题 4：根据所学知识在图 9-4-1 的方框内填入合适的内容。

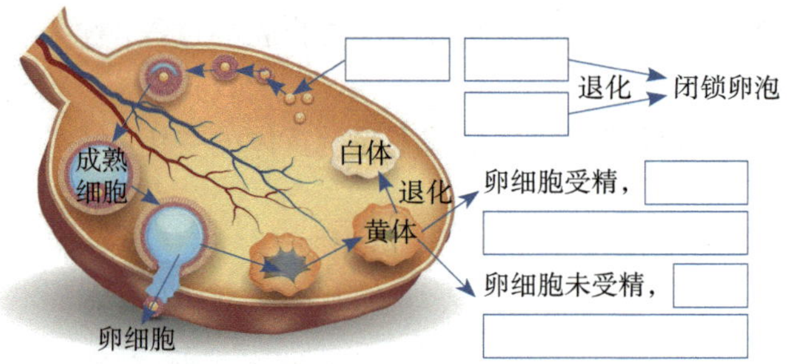

图 9-4-1　卵泡发育模式图

进阶任务

分析临床上女性不孕的原因。

____

____

四、知识检测

检测试题　　参考答案

任务五　认识月经周期

一、学习情景

李某，18 岁，月经来潮的时间每次都不一样，所以很困扰，很想知道月经周期是怎么计算的？身体会发生怎样的变化？

二、学习目标

1. 描述月经周期的变化；

2. 描述月经周期中子宫内膜的变化。

三、任务实施

分析月经周期的变化。

子任务 1：认识月经周期。

引导问题 1：月经周期分为三期，依次为________、________、________。

引导问题 2：绘制并标注子宫内膜的周期性变化。

月经周期

绘制区域

子任务 2：认识月经周期的生理意义。

引导问题 1：分析月经周期对女性的意义。

引导问题 2：女性在妊娠期时子宫内膜会呈现周期性变化吗？为什么？

子任务 3：分析月经与子宫内膜的关系。

引导问题 1：女性什么时候会出现月经？为什么？

引导问题 2：简述激素如何影响子宫内膜的周期性变化。

进阶任务

分析哪些原因会导致月经不调？月经不调有哪些表现？

四、知识检测

检测试题　　参考答案

任务六　分析胚胎的发育过程

一、学习情景

张女士，27 岁，结婚 5 个月后怀孕。在后期的产检过程中张女士一直询问医生胎儿是男宝宝还是女宝宝，医生因为规定未告知。

二、学习目标

1. 描述胚胎早期发育的过程；
2. 概括受精的条件；
3. 阐述胚泡植入子宫内膜的过程。

三、任务实施

全面认识胚胎发育的过程。

子任务 1：认识生殖细胞的组成。

生殖细胞

引导问题 1：生殖细胞又称______，包括______和______，它们均为____________，仅有______染色体，______为常染色体，______为性染色体。

引导问题 2：精子中可能含_______染色体或______染色体，即（23，_______）或（23，______）；卵子中只含______染色体，即（23，______）。

引导问题 3：获能是指____。

精子的成熟

引导问题 4：精子在女性生殖管道内可存活_____，但其受精能力仅能维持____。

子任务 2：认识受精的过程。

引导问题 1：受精是成熟获能后的______与______结合成______的过程。

引导问题 2：用思维导图表示受精的过程。

受精

绘制区域

受精的意义

子任务 3：认识卵裂的过程。

引导问题 1：卵裂是受精卵的细胞______过程，卵裂产生的子细胞，称______。多次卵裂后，随着细胞数目的增多，细胞体积越来越小，受精后第 3 天形成______。

卵裂

引导问题 2：用简图描述排卵、受精与卵裂过程并标注三者所在位置。

绘制区域

子任务 4：认识受精卵植入的过程。

植入

植入部位

引导问题 1：植入是胚泡逐渐埋入子宫内膜的过程，又称________。植入约于受精后第____天开始，第____天完成。

引导问题 2：分析植入的部位和条件。

____

____

四、知识检测

检测试题　　参考答案

项目十
神经系统

神经系统由脑、脊髓及与它们相连的周围神经组成，在人体各器官的调节中占主导地位。人体内不同的器官和系统，在神经系统的统一调节和控制下，互相影响、互相制约、互相协调，完成统一的生理功能。

人体神经系统的形态和功能非常复杂，既有与脊椎动物神经系统的相似之处，也有自身的特点：不仅具有与高等动物相似的感觉和运动中枢，而且还有分析语言的中枢（思维、意识）和认知中枢；不仅能被动地适应环境的变化，而且能主动地认识世界和改造世界。

学习目标

学生通过学习达成以下目标：

素质目标	1. 培养学生勇于战胜困难、开拓进取的精神； 2. 培养学生自主解决问题、与人沟通的能力。
知识目标	1. 掌握神经系统的组成和功能，脑的组成及各部分的位置、生理功能，12 对脑神经的名称； 2. 熟悉神经系统常用术语，脊神经的组成，颈丛、臂丛、胸神经前支、腰丛、骶丛的组成和分布位置，颈丛、臂丛、胸神经前支、腰丛、骶丛的重要分支； 3. 了解脑和脊髓的被膜、血管及脑脊液。
能力目标	1. 识别尺神经、正中神经、桡神经等脊神经损伤的表现； 2. 辨认临床常用肌肉的支配神经； 3. 绘制神经系统的传导通路； 4. 分析神经系统的功能。

任务一　认识神经系统的组成和功能

一、学习情景

患者，女，58 岁。1 小时前因车祸导致头部损伤就诊。诊断为“脑挫裂伤”入院。入院时患者意识不清、呼吸节律紊乱、喷射性呕吐。查体：双侧瞳孔等大等圆，血压 185/110 mmHg。急诊行颅内血肿清除术及碎骨片清除术，留置引流管后回病房。请问：脑在人体的功能调节中起什么样的作用？分析患者为什么会出现呼吸节律紊乱？

二、学习目标

1. 认识中枢神经系统和周围神经系统的组成和功能；
2. 区别躯体神经系统和内脏神经系统。

三、任务实施

认识神经系统的组成和功能。

子任务 1：认识中枢神经系统和周围神经系统的组成和功能。

引导问题 1：神经系统按所在位置的不同可分为__________和__________，在下面空白区域填写中枢神经系统和周围神经系统的组成结构。

中枢神经系统 {

周围神经系统 {

中枢神经系统和周围神经系统

引导问题 2：请在图 10－1－1 中标注中枢神经系统、周围神经系统的组成结构。

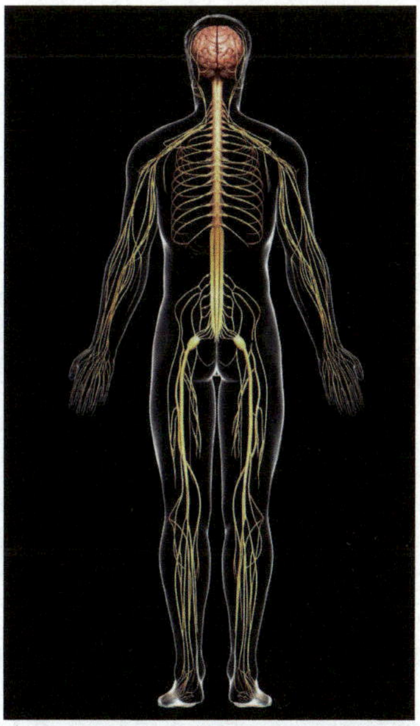

图 10－1－1　神经系统的组成

引导问题 3：列出中枢神经系统和周围神经系统的功能。

神经系统	功能
中枢神经系统	
周围神经系统	

躯体神经系统和内脏神经系统

子任务 2：区别躯体神经系统和内脏神经系统。

引导问题 1：神经系统按其分布对象的不同可分为________和________；它们的中枢部存在于________和________；周围部存在于________和________内，按分布位置不同分为躯体神经和内脏神经。

引导问题 2：列出躯体神经和内脏神经的分类和主要分布位置。

类别	分类	主要分布位置
躯体神经		
内脏神经		

引导问题 3：内脏运动神经又称为自主神经，根据其功能不同，分为________和________。

引导问题 4：区分躯体神经和内脏神经的功能。

类型	功能
躯体感觉神经	
躯体运动神经	
内脏感觉神经	
内脏运动神经	

进阶任务

某些内脏疾病，常在体表一定部位发生疼痛或痛觉过敏现象，称为牵涉痛。查阅资料，试述其产生机制，并举例说明。

____

____

引导问题 5：列出交感神经和副交感神经的主要区别。

内容	交感神经	副交感神经
低级中枢的部位		
周围神经节的位置		
分布范围		
节前与节后神经元的比例		
对同一器官所起的作用		

四、知识检测

检测试题　　参考答案

任务二　辨别神经系统的常用术语

一、学习情景

邱某，男，7 岁。两年余前患脊髓灰质炎，结果造成腰以下、两髋、两膝及小腿均瘫痪。卧床不能翻身，不能坐立，腰肌无力，脊柱侧弯；小腿肌肉萎缩。经多方求治，两年余仍无好转，遂转诊来院，诊断为“脊髓灰质炎后遗症”。脊髓的灰质是什么结构？如何用专业术语描述神经系统的结构？

二、学习目标

辨别灰质、白质、神经节、神经核、纤维束和神经的概念。

三、任务实施

辨别神经系统常用术语。

子任务 1：理解灰质和白质。

灰质和白质

引导问题 1：________是中枢神经系统内神经元胞体和树突聚集的部位，在新鲜标本中色泽灰暗。在大脑和小脑内，灰质大部分集中于其表层，称________。________是中枢神经系统内神经纤维聚集的部位，因神经纤维外面包有髓鞘，色泽亮白。大脑及小脑的白质埋藏在皮质深部，称________。

引导问题 2：请在图 10-2-1 中标注灰质和白质。

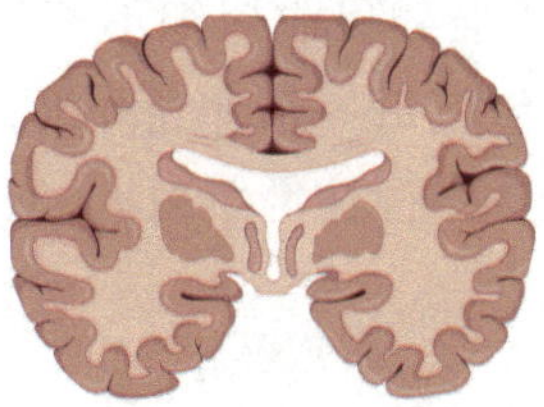

图 10-2-1　灰质和白质示意图

子任务 2：理解神经核、神经节。

神经核和神经节

引导问题 1：描述神经核、神经节的概念。

名称	概念
神经核	
神经节	

引导问题 2：请在图 10-2-2 中标注脊神经节。

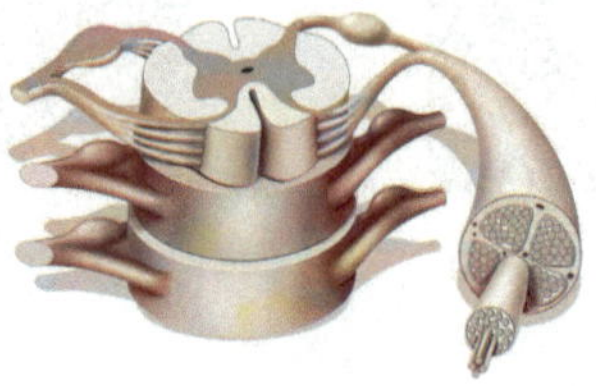

图 10-2-2　脊神经节示意图

引导问题 3：请在图 10-2-3 中标注脑神经核。

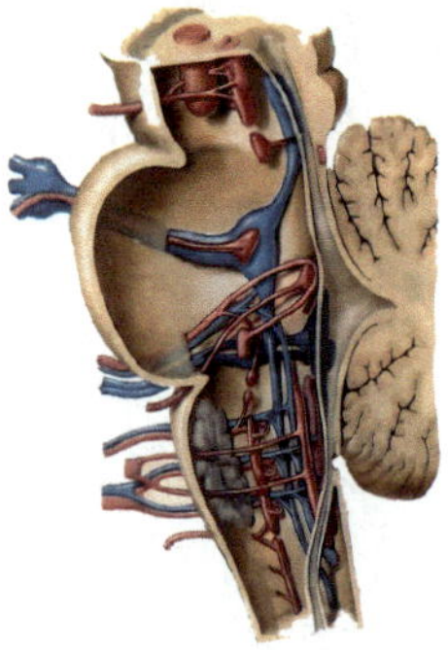

图 10-2-3　脑神经核示意图

纤维束和神经

子任务 3：理解纤维束、神经。

引导问题 1：在中枢神经系统内，起止、行程和功能相同的神经纤维聚集在一起形成的集束，称为________，又称______。

引导问题 2：在周围神经系统内，神经纤维聚集形成的长短、粗细不一的条索状结构称为________。在神经表面包裹有结缔组织被膜，称神经外膜；神经外膜向神经内部延伸，将神经内的神经纤维分隔成粗细不等的集束并将其包裹，称为神经束膜；神经束膜继续向内部延伸，包裹每一条神经纤维，称为神经内膜。

引导问题 3：请在图 10-2-4 中标注纤维束。

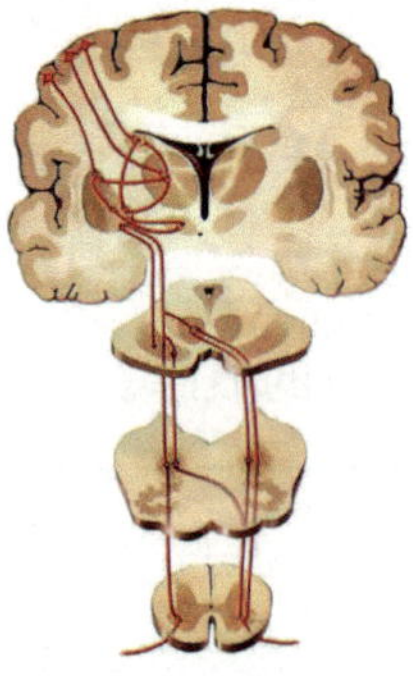

图 10-2-4　纤维束

四、知识检测

检测试题　　　　参考答案

任务三　认识脊髓位置与形态

一、学习情景

患者，女，50 岁。体重 82 kg，因车祸导致颈椎骨折。现病史：患者呼吸困难，四肢瘫痪。查体：体温 36.3 ℃，呼吸 12 次 /min，脉搏 70 次 /min，血压 128/68 mmHg。入院诊断：脊髓损伤伴四肢瘫痪。过敏史：青霉素。请问：脊髓的位置在哪儿？患者为什么会出现四肢瘫痪？

二、学习目标

1. 描述脊髓的位置、外形和内部结构；
2. 分析脊髓的功能。

三、任务实施

认识脊髓的位置与形态。

子任务 1：认识脊髓的位置、外形。

脊髓的位置、外形

引导问题 1：脊髓位于________内，上端在枕骨大孔处与延髓相连，成人下端平第 1 腰椎下缘，全长约________cm；新生儿脊髓下端平第 3 腰椎体。脊髓下端向下延伸为无神经组织的细丝，称________，向下止于尾骨的背面，有稳定脊髓的作用。腰、骶和尾段的神经根在椎管内几乎垂直下行，围绕终丝集聚成束，形成________。

引导问题 2：脊髓表面有________条纵行的沟，即前面的________，较深；后面的________，较浅；以及左、右前外侧沟和左、右后外侧沟。脊髓在外形上没有明显的节段性，但每一对脊神经前、后跟的根丝附着在同一段脊髓上，据此将该段脊髓称为一个________。因脊神经有________对，故脊髓也可分为 31 个节段：8 个颈节（C_1～C_8）、12 个胸节（T_1～T_{12}）、5 个腰节（L_1～L_5）、5 个骶节（S_1～S_5）和 1 个尾节（C_0）。

引导问题 3：请在图 10-3-1 中标注颈膨大、腰骶膨大、脊髓圆锥和终丝。

图 10-3-1　脊髓外形图

进阶任务

简要分析成人腰椎穿刺的位置以及原因。

____

____

脊髓的内部结构

子任务 2：认识脊髓的内部结构。

引导问题 1：脊髓由________和________两部分组成。在脊髓的横切面上，中间有一细小的中央管，纵贯脊髓，内含脑脊液。

引导问题 2：脊髓灰质在横切面上呈________形，纵贯脊髓全长，灰质向前的膨大，称为________，内有运动神经元的胞体，其轴突组成________，支配骨骼肌。灰质向后的膨大，称为________，内含联络神经元，接受由后根传入的躯体和内脏感觉冲动。在脊髓第 1 胸节段至第 3 腰节段的前角与后角之间，灰质向外侧突出的部分为________，又称侧柱。

引导问题 3：请在图 10-3-2 中对脊髓的主要内部结构进行标注。

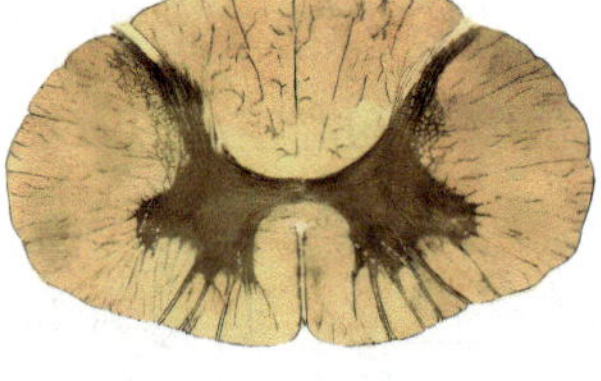

图 10-3-2　脊髓的内部结构

引导问题 4：________位于灰质的周围，被脊髓表面的纵沟分为左、右对称的 3 对索。前外侧沟与前正中裂之间为________；后外侧沟与前外侧沟之间为________；后正中沟和后外侧沟之间为________。各索主要由上、下行神经纤维束组成。上行纤维束主要有薄束、楔束和脊髓丘脑束；下行纤维束主要有皮质脊髓束、红核脊髓束等。

子任务 3：分析脊髓的功能。

引导问题 1：脊髓具有________和________功能。

引导问题 2：脊髓中的________是反射活动低级中枢，一些简单的反射在脊髓完成，如腱反射、腹壁反射、排尿反射等。

脊髓的功能

进阶任务

脊髓空洞症是一种慢性、进行性的脊髓变性疾病。简单地说，就是脊髓形成了管状空洞，空洞常发生在颈髓，累及延髓时称为延髓空洞症。查阅资料，简述脊髓空洞症的临床表现。

____

____

四、知识检测

检测试题　　参考答案

任务四　比较脑的分部与形态

一、学习情景

患者，男，68 岁。与家人争吵时突然倒地，大小便失禁。CT 报告单结果显示颅内出血，左侧基底节区见斑片状高密度影，脑室系统可见高密度影。急诊以“急性脑出血”收入院。护士给患者采取侧卧位，头部稍抬高。请问：脑出血的位置在哪里？脑由哪几部分组成？

二、学习目标

1. 知晓脑的组成；
2. 知晓脑干的位置、组成；
3. 知晓小脑的位置、外形；
4. 知晓间脑的组成；
5. 知晓大脑半球的外形、分叶、重要的沟回以及内部结构；
6. 理解脑干、小脑、下丘脑和大脑的生理功能。

三、任务实施

比较脑的分部与结构及其生理功能。

脑的组成

子任务 1：知晓脑的组成。

引导问题 1：脑位于颅腔内，可分为______、______、______和________四个部分。

引导问题 2：请在图 10－4－1 中标注出脑的四个部分。

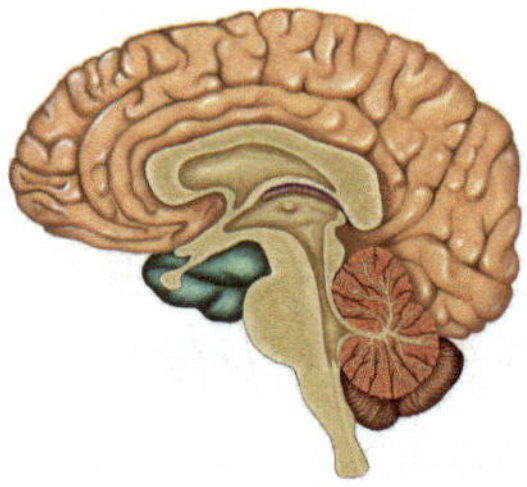

图 10－4－1　脑的正中矢状切面

脑干的位置、组成、内部结构以及功能

子任务 2：知晓脑干的位置、组成和内部结构，理解其功能。

引导问题 1：脑干伏于颅后窝________前方的骨面。

引导问题 2：请在图 10－4－2 中对脑干的组成进行标注。

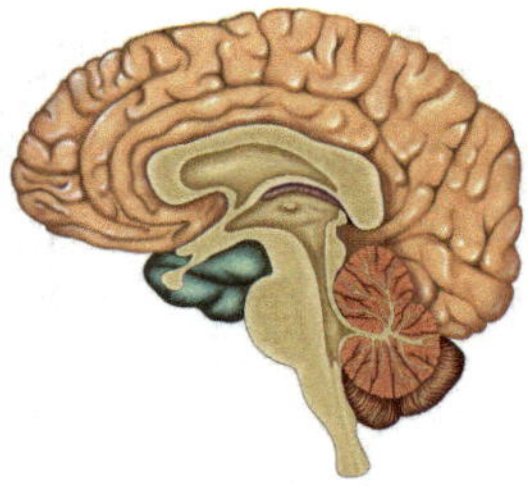

图 10－4－2　脑干的组成

引导问题 3：脑干的内部结构由________、________和________组成。脑干的灰质分散成团块，称神经核。脑干的神经核主要分为脑神经核和非脑神经核两种。白质主要由上行纤维束和下行纤维束组成。网状结构在脑干的中央区域，神经纤维交织成网，其间散在有大小不等的神经细胞，它们共同构成网状结构。

引导问题 4：脑干的功能有____________、____________，除此之外，脑干网状结构有维持大脑皮质觉醒、引起睡眠、调节骨骼肌张力以及调节内脏活动等功能。

进阶任务

患者一旦发生脑干损伤，严重者直接出现呼吸功能紊乱、心跳功能紊乱等，试述其原因。

____

____

小脑的位置、外形及功能

子任务 3：知晓小脑的位置、外形，理解其功能。

引导问题 1：小脑位于________，________和________的背侧。

引导问题 2：请在图 10-4-3 中标注小脑半球、小脑蚓、小脑扁桃体。

图 10-4-3　小脑结构

引导问题 3：简述小脑的生理功能。

____

____

进阶任务

结合小脑的生理功能，分析小脑损伤可能会导致哪些问题？

____

____

子任务 4：知晓间脑的组成，理解下丘脑的功能。

引导问题 1：间脑包括______、________、________、________和________五部分。

引导问题 2：简述下丘脑的生理功能。

____

____

间脑的组成及下丘脑的功能

子任务 5：知晓大脑半球的外形、分叶、重要的沟回以及内部结构，理解其功能。

引导问题 1：大脑半球表面有三条深大而恒定的沟，将每侧大脑半球分为五个叶。________在外侧沟前上和中央沟之前；________在中央沟与顶枕沟之间；____________在顶枕沟后方；________在外侧沟下方；____________深埋在外侧沟底部。

端脑的结构和功能

引导问题 2：端脑通常又称大脑，由左、右大脑半球构成。在图 10-4-4 中标注端脑的主要沟回。

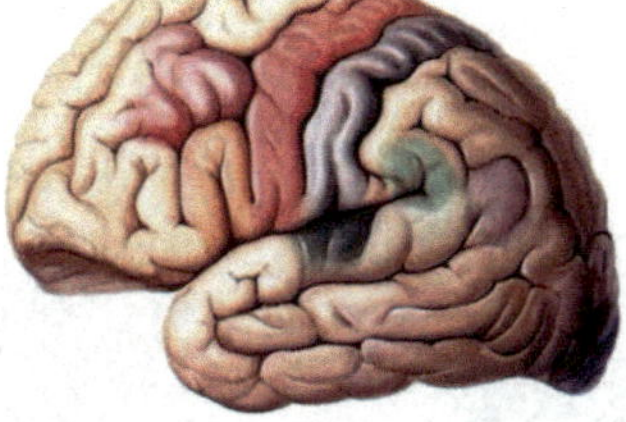

图 10-4-4　端脑的沟回

引导问题 3：大脑皮质由大量的神经元、神经胶质细胞构成，是高级神经活动的物质基础。不同的皮质区具有不同的功能，这些具有一定功能的皮质区称为中枢，大脑的主要中枢有________、________、________和________。

引导问题 4：基底核在大脑半球的白质中，包括尾状核、豆状核、杏仁体等灰质团块。在图 10-4-5 中进行标注。

图 10-4-5　基底核的模式图

引导问题 5：位于大脑半球的白质又称为大脑________，由大量神经纤维组成，这些纤维可分为三种，即联络纤维、连合纤维和投射纤维。

引导问题 6：内囊是由位于背侧丘脑、尾状核与豆状核之间的密集上、下行投射纤维形成的白质区。内囊在水平切面上呈开口向外的________形。内囊前肢位于尾状核与豆状核之间，内囊后肢位于豆状核与背侧丘脑之间，内囊前、后肢相交处为________。经内囊前肢的投射纤维主要有额桥束，经内囊膝部的投射纤维有皮质核束（皮质脑干束），经内囊后肢的投射纤维主要有皮质脊髓束、丘脑皮质束、视辐射和听辐射等。这些投射纤维主要是背侧丘脑到大脑皮质的感觉纤维束和大脑皮质到脑干、脊髓的运动纤维束。

进阶任务

脑血管病变（脑出血）经常累及某一侧内囊，典型的内囊病变可出现什么问题？查阅资料，试分析其原因。

____

____

四、知识检测

检测试题　　参考答案

任务五 认识脊神经的组成

一、学习情景

张某，女，20 岁，因不慎跌倒，发生肱骨骨折伴桡神经损伤，出现手腕手指下垂。桡神经损伤为什么会导致手腕手指下垂？

二、学习目标

1. 熟记脊神经的组成；
2. 简述颈丛、臂丛、胸神经前支、腰丛、骶丛的组成、位置；
3. 熟记颈丛、臂丛、胸神经前支、腰丛、骶丛的主要分支；
4. 识别临床常见脊神经损伤的特征性表现。

三、任务实施

认识脊神经的组成。

子任务 1：熟记脊神经的组成。

脊神经的组成

引导问题：脊神经共________对，包括颈神经________对、胸神经________对、腰神经________对、骶神经 5 对和尾神经 1 对。

子任务 2：简述颈丛、臂丛、胸神经前支、腰丛、骶丛的组成、位置。

引导问题 1：简述颈丛、臂丛的组成、位置。

名称	组成	位置
颈丛		
臂丛		

引导问题 2：简述腰丛、骶丛的组成、位置。

名称	组成	位置
腰丛		
骶丛		

引导问题 3：简述胸神经前支的位置。

____

____

子任务 3：熟记颈丛、臂丛、胸神经前支、腰丛、骶丛的主要分支。

颈丛、臂丛、胸神经前支、腰丛、骶丛

引导问题 1：颈丛可分为皮支和肌支。主要皮支有枕小神经、耳大神经、颈横神经和锁骨上神经。肌支最主要的分支是________，为混合性神经。

引导问题 2：臂丛的主要分支有________、正中神经、尺神经、桡神经、________。

引导问题 3：请在图 10-5-1 中标注正中神经、尺神经和桡神经。

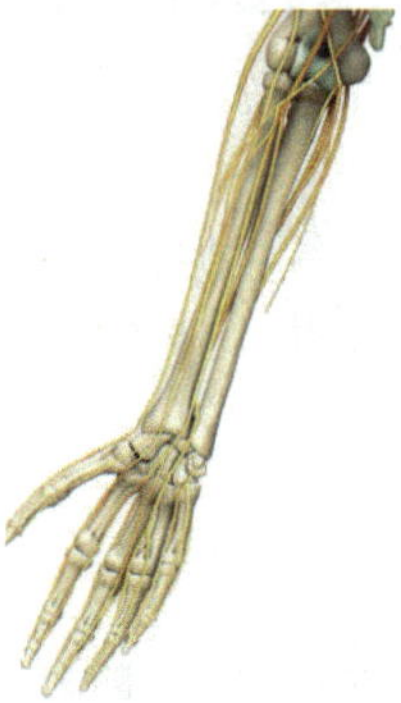

图 10-5-1　臂丛神经部分

引导问题 4：胸神经前支共 12 对。第 1—11 对胸神经前支位于相应的肋间隙内，称________；第 12 对胸神经前支位于第 12 肋下方，称________。胸神经前支在胸、腹壁皮肤的分布呈明显________。

引导问题 5：每段胸神经前支的分布区呈环带状，由上向下按神经顺序依次排列，临床上常据此测定麻醉平面的高低，也可根据感觉障碍平面来推断脊髓损伤的节段。请将胸神经前支的节段性分布补充完整。

标志	胸神经分布
	T_2
乳头平面	T_4
剑突平面	
肋弓平面	T_8
	T_{10}
耻骨联合与脐中点	

引导问题 6：腰丛重要的分支为________，支配大腿前肌群及大腿前面与小腿内侧的皮肤。

引导问题 7：既是骶丛重要的分支，也是全身最粗大、最长的神经是________。

引导问题 8：在图 10-5-2 中标注出坐骨神经。

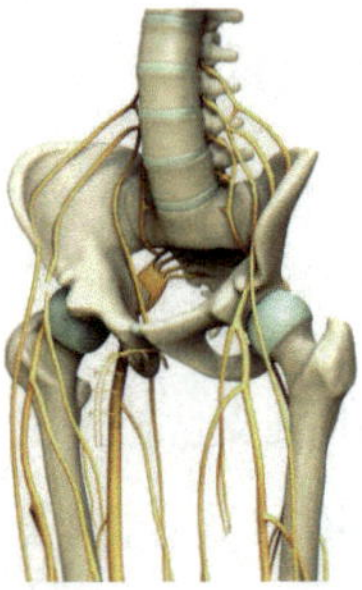

图 10-5-2　坐骨神经

子任务 4：识别桡、尺、正中神经损伤的表现。

引导问题：请在图 10-5-3 中对桡、尺、正中神经分别损伤呈现的手形进行标注。

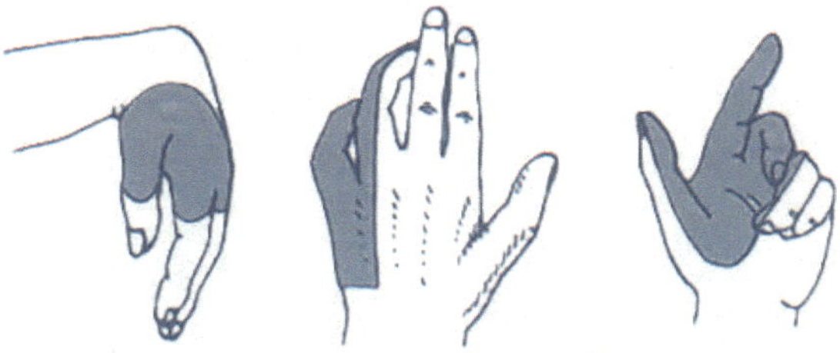

(　　)　　　(　　)　　　(　　)

图 10-5-3　桡、尺、正中神经损伤时的手形

进阶任务

查阅资料，结合所学知识，分析尺神经损伤为什么会导致“爪形手”？

四、知识检测

检测试题　　参考答案

任务六　认识脑神经的组成

一、学习情景

王某，女，53 岁。头痛反复发作数年，近 10 天加剧，经某医院诊断为“三叉神经痛”，服止痛片并行酒精封闭，效果不佳。现症：面色青灰，痛苦面容，呻吟不休，手捧头部，左头角及左眼眶呈阵发性、针刺样疼痛。请问：三叉神经的分支有哪些？每条分支的分布位置在何处？

二、学习目标

1. 熟记 12 对脑神经的名称；
2. 知晓 12 对脑神经的性质；
2. 总结 12 对脑神经的功能。

三、任务实施

认识 12 对脑神经的名称和功能。

脑神经的名称

子任务 1：熟记 12 对脑神经名称。

引导问题：请在图 10-6-1 中标注对应 12 对脑神经的名称。

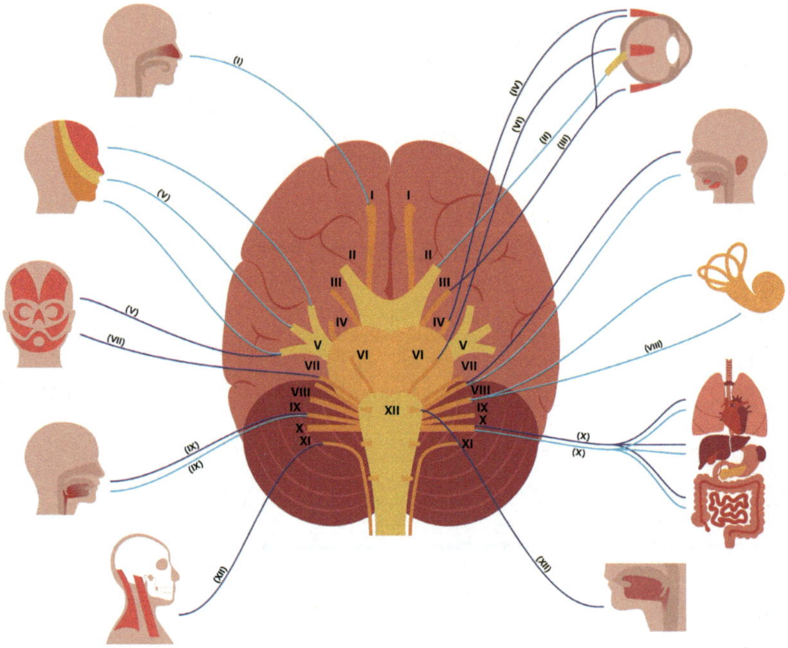

图 10-6-1　脑神经示意图

脑神经的分类

子任务 2：知晓 12 对脑神经的性质。

引导问题 1：脑神经按神经的________划分，可分为三类：____________、混合性脑神经和____________。

引导问题 2：将 12 对脑神经填入对应位置。

类别	感觉性脑神经	运动性脑神经	混合性脑神经
脑神经			

脑神经的功能

子任务 3：概括 12 对脑神经的功能。

引导问题：概括 12 对脑神经的功能。

脑神经名称	功能
Ⅰ嗅神经	
Ⅱ视神经	
Ⅲ动眼神经	
Ⅳ滑车神经	

续表

脑神经名称	功能
Ⅴ三叉神经	
Ⅵ展神经	
Ⅶ面神经	
Ⅷ前庭蜗神经	
Ⅸ舌咽神经	
Ⅹ迷走神经	
Ⅺ副神经	
Ⅻ舌下神经	

进阶任务

面瘫包括中枢性面瘫和周围性面瘫，结合脑神经的功能，分析周围性面瘫的原因有哪些？

___

___

四、知识检测

检测试题　　参考答案

任务七　绘制神经系统的传导通路

一、学习情景

患者，女，70 岁。高血压病史 20 余年。昨日用力解大便时，突然倒在地，自述头痛，一侧肢体无力。入院查体：血压 220/126 mmHg，脉搏 60 次 /min，脉洪大，呼吸 14 次 /min，深长，体温 39 ℃，神志不清，压眶反射消失。颅脑 CT 诊断为一侧内囊出血。患者为什么会出现一侧肢体无力？通过神经系统传导通路的学习，大家就能了解其中的原理。

二、学习目标

1. 绘制感觉传导通路的简图；

2. 绘制锥体系传导的简图；
3. 了解锥体外系的功能。

三、任务实施

绘制神经系统的感觉传导通路以及椎体系的简图。

躯体、四肢浅感觉传导通路

子任务1：简述躯干、四肢浅感觉传导通路中三级神经元胞体的部位并绘制其简图。

引导问题1：简述躯干、四肢浅感觉传导通路中三级神经元胞体的部位。

____

____

引导问题2：请在以下空白处绘制躯干、四肢浅感觉传导通路的简图。

绘制区域

躯体、四肢深感觉传导通路及头面部的浅感觉传导通路

子任务2：简述躯干、四肢深感觉和精细触觉传导通路中三级神经元胞体的部位并绘制其简图。

引导问题1：简述躯干、四肢深感觉和精细触觉传导通路中三级神经元胞体的部位。

____

____

引导问题2：请在以下空白处绘制躯干、四肢深感觉和精细触觉传导通路的简图。

绘制区域

锥体系

子任务3：绘制椎体系简图。

引导问题1：运动传导通路包括________和________。椎体系是管理骨骼肌随意运动的传导通路，主要有上、下两级神经元。椎体系包括皮质脊髓束和皮质核束。

引导问题2：请在以下空白处绘制皮质脊髓束传导通路的简图。

绘制区域

引导问题 3：请在以下空白处绘制皮质核束传导通路的简图。

绘制区域

子任务 4：了解椎体外系功能。

引导问题 1：锥体外系是锥体系以外的控制骨骼肌运动的________。

引导问题 2：概括椎体外系的功能。

锥体外系

进阶任务

查阅资料，结合神经系统所学内容，分析渐冻症的发病机制。

四、知识检测

检测试题　　参考答案

任务八　辨认肌肉的支配神经

一、学习情景

患者，男，35 岁，因被刀砍伤颈肩部出现副神经部分损伤，外伤术后（未行神经修复术）因肩关节制动 4 个月出现肩关节功能障碍。2020 年 5 月 12 日入院进行康复治疗。请问：副神经主要支配的肌肉有哪些？

二、学习目标

1. 识别临床常用头、面、颈、肩部肌群的支配神经；
2. 识别临床常用上肢肌的支配神经；
3. 识别临床常用胸、腹、背肌的支配神经；

4. 识别临床常用下肢肌的支配神经。

三、任务实施

辨认肌肉的支配神经。

临床常用头面颈肩部肌群的支配神经

子任务1：识别临床常用头、面、颈、肩部肌群的支配神经。

引导问题1：列出眼轮匝肌、口轮匝肌的支配神经。

肌肉名称	支配的神经
眼轮匝肌	
口轮匝肌	

引导问题2：列出胸锁乳突肌、斜方肌、三角肌的支配神经。

肌肉名称	支配的神经
胸锁乳突肌	
斜方肌	
三角肌	

临床常用上肢肌的支配神经

子任务2：识别临床常用上肢肌的支配神经。

引导问题1：列出肱二头肌、肱三头肌的支配神经。

肌肉名称	支配的神经
肱二头肌	
肱三头肌	

引导问题2：列出肱桡肌、大鱼际肌的支配神经。

肌肉名称	支配的神经
肱桡肌	
大鱼际肌	

临床常用胸腹背肌的支配神经

子任务3：识别临床常用胸、腹、背肌的支配神经。

引导问题1：列出胸大肌、背阔肌的支配神经。

肌肉名称	支配的神经
胸大肌	
背阔肌	

引导问题2：列出肩胛提肌、竖脊肌的支配神经。

肌肉名称	支配的神经
肩胛提肌	
竖脊肌	

引导问题 3：膈肌由________支配。

子任务 4：识别临床常用下肢肌的支配神经。

引导问题 1：列出缝匠肌、股四头肌、臀大肌的支配神经。

临床常用下肢肌的支配神经

肌肉名称	支配的神经
缝匠肌	
股四头肌	
臀大肌	

引导问题 2：小腿三头肌由________支配。

四、知识检测

检测试题　　参考答案

任务九　认识脑和脊髓的被膜、血管及脑脊液

一、学习情景

患者，男，50 岁。因钝器击伤头部 1 小时入院。患者昏迷、呕吐，双侧瞳孔不等大，血压 180/120 mmHg，行硬膜下血肿清除术 + 碎骨片清除术，留置引流管送回病房。硬膜外血肿与硬膜下血肿有什么区别呢？

二、学习目标

1. 认识脑和脊髓的被膜；
2. 认识脑和脊髓的血管；
2. 了解脑脊液的组成和功能。

三、任务实施

认识脑和脊髓的被膜、脑的动脉及脑脊液。

子任务 1：识别脑和脊髓的被膜。

脑和脊髓的被膜

引导问题 1：脑和脊髓的外面包有________被膜，由外向内依次为________、

________和________，它们有保护、支持脊髓的作用。

引导问题 2：请在图 10-9-1 中标注脑的被膜。

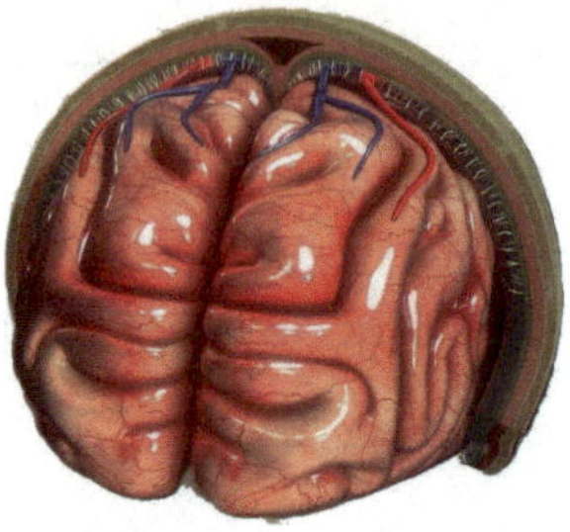

图 10-9-1　脑的被膜

进阶任务

分析硬膜外麻醉和腰麻的区别。

____

____

脑和脊髓的血管

子任务 2：认识脑和脊髓的血管。

引导问题 1：脊髓的动脉主要来自________，该动脉发自脊髓前、后动脉，与肋间后动脉、腰动脉发出的分支吻合，并在脊髓表面形成网，由血管网发出分支营养脊髓；静脉与动脉伴行，大多数注入硬膜外隙的椎静脉丛。

引导问题 2：脑的动脉主要来源于________和________，其分支可分为皮质支和中央支。皮质支供应大脑皮质和大脑髓质浅层，中央支供应间脑、基底核和内囊等。颈内动脉起自颈总动脉，向上经颈动脉管入颅腔，在视交叉外侧分为大脑前动脉和大脑中动脉，颈内动脉的分支分布于大脑半球前 2/3 和部分间脑，患有高血压、动脉硬化的患者，分布于内囊的中央动脉容易破裂出血，导致严重的脑出血，故又名________。

引导问题 3：请在图 10-9-3 中标注椎动脉和颈内动脉。

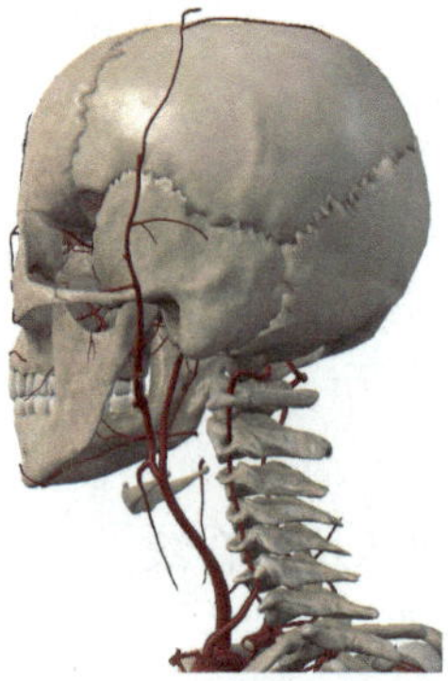

图 10-9-3　椎动脉和颈内动脉

子任务 3：了解脑脊液的组成和功能。

引导问题 1：脑脊液是________的液体，内含________、无机盐、微量蛋白质、酶和少量淋巴细胞等。成人脑脊液的总量约________mL，主要由各脑室的脉络丛产生，充满于脑室和蛛网膜下隙。脑脊液处于不断产生、循环和回流的相对平衡状态。

脑脊液的组成和功能

引导问题 2：简述脑脊液的功能。

____

____

四、知识检测

检测试题　　参考答案

任务十　理解神经系统的功能

一、学习情景

患者，男，11 岁。因出现双腿不协调、动作反应慢的情况持续半月有余未见好转，家长带其到当地医院检查，诊断为“小脑萎缩”。其间患者用过营养神经药物、针灸、中药、中成药未见效果，患者从家来院与医生面诊时手足无力，行走蹒跚不稳，手持物体摇晃颤抖。患者为什么会出现行走蹒跚不稳、手持物体摇晃颤抖？

二、学习目标

1. 理解大脑皮质的感觉分析功能；
2. 理解脊髓的躯体运动功能；
3. 理解其他高位中枢对躯体运动的调节；
4. 理解各级中枢对内脏活动的调节。

三、任务实施

理解神经系统的功能。

子任务 1：理解大脑皮质的感觉分析功能。

引导问题 1：人类____________是产生感觉的最高级中枢。各种感觉神经冲动上传到大脑皮质，通过大脑皮质的精细分析与综合，产生特定的感觉。不同性质的感觉在大脑皮质有不同的代表区。全身体表感觉在大脑皮质的投射区主要位于________，又称________。

大脑皮质的感觉分析功能

引导问题 2：结合图 10-10-1 分析全身体表感觉在大脑皮质的投射规律。

投射规律 {

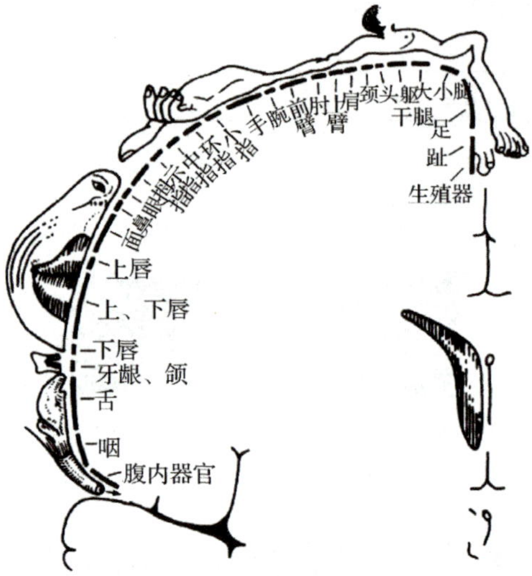

图 10-10-1　大脑皮质的感觉区

引导问题 3：本体感觉是指肌肉、关节等的________，其投射区主要在________。

引导问题 4：内脏感觉的投射区在第一、第二感觉区和运动辅助区、________等部位，与体表感觉投射区有较多的重叠。

引导问题 5：视觉投射区位于枕叶________的上、下皮质。听觉投射区位于________的颞横回和颞上回。听觉的投射具有双侧性，即一侧听觉区接受双侧耳蜗听觉感受器传来的神经冲动。

引导问题 6：嗅觉在大脑皮质的投射区位于边缘叶的前底部。味觉投射区在________头面部感觉区的下侧。

子任务 2：理解脊髓的躯体运动功能。

脊髓的躯体运动功能

引导问题 1：______是以骨骼肌的收缩和舒张活动为基础的生命活动，是人类生活和从事劳动的重要手段。________是躯体运动最基本的反射中枢，可以完成一些比较简单的反射活动。可以观察到的反射有________、________、对侧伸肌反射等。

引导问题 2：对比两种牵张反射的表现。

牵张反射的类型	表现
腱反射	
肌紧张	

引导问题 3：简述两种牵张反射的生理意义。

____

____

子任务 3：理解其他高位中枢对躯体运动的调节。

其他高位中枢对躯体运动的调节

引导问题 1：小脑对躯体运动的调节主要有维持身体平衡、______________和______________。

引导问题 2：大脑皮质是调节________的最高级中枢。人类大脑皮质运动区主要位于________。

引导问题 3：查阅资料，结合图 10-10-2 分析大脑皮质运动区（中央前回）调节躯体运动具有的特征并解释其含义。

____

____

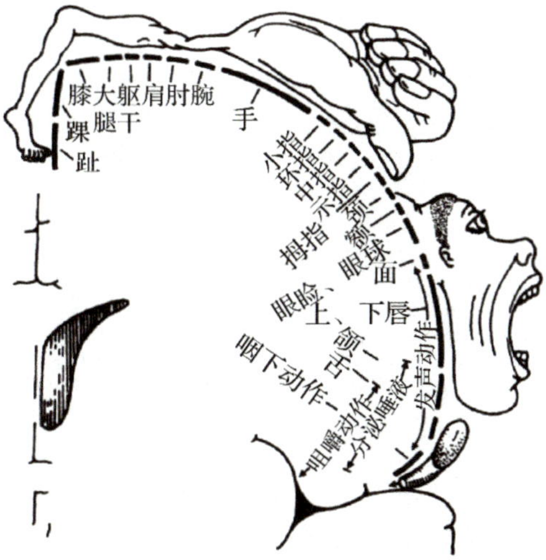

图 10-10-2　大脑皮质的运动区

子任务 4：理解各级中枢对内脏活动的调节。

各级中枢对内脏活动的调节

引导问题 1：______是调节内脏活动的初级中枢，如________、排尿、发汗、________等。这些初级中枢受高位脑中枢的调节和控制。

引导问题 2：脑干中有许多重要的内脏活动中枢。其中，________中有心血管运动、呼吸运动、消化功能等基本反射中枢，被称为________。

引导问题 3：________是较高级的调节内脏活动的中枢。它通过与高位中枢、脑干和脊髓广泛联系，把内脏活动和其他生理活动联系起来，使内脏活动与其他生理过程得以协调。它还与躯体运动及情绪反应等有密切的关系。

引导问题 4：________与内脏活动关系密切的结构，主要是边缘系统和新皮层的某些区域。边缘系统是调节内脏活动的重要中枢，它可调节呼吸、胃肠、瞳孔、膀胱等内脏活动，故有人把它称为内脏脑。此外，边缘系统还与情绪、记忆、食欲、生殖和防御等活动有密切关系。

四、知识检测

检测试题　　参考答案

项目十一
内分泌系统

概述

内分泌系统是机体的调节系统之一。它与神经系统、免疫系统相互调节，对人体的生长发育、新陈代谢、内环境的动态平衡，以及生殖等功能发挥重要的调控作用。

内分泌系统由内分泌腺、内分泌组织和散在于其他器官内的内分泌细胞组成。内分泌腺包括垂体、甲状腺、甲状旁腺、肾上腺、松果体、胸腺和生殖腺等。内分泌腺无导管，内分泌细胞的分泌物称为激素，直接渗入细胞间丰富的毛细血管和毛细淋巴管，通过血液循环和淋巴循环运送至全身各处。每种激素作用的特定器官或特定细胞称为该激素的靶器官或靶细胞，靶细胞上具有与相应激素特异结合的受体，激素与受体结合后产生生物学效应。内分泌组织以细胞团为单位分散存在于其他器官或组织内，主要包括睾丸间质、卵泡、黄体和胰岛等。此外，在消化道、呼吸道、心血管、皮肤和神经组织中还有大量散在的内分泌细胞，它们分泌激素或激素样物质，在调节机体生理活动中起着重要的作用。

学习目标

学生通过学习达成以下目标：

素质目标	1. 培养学生良好的心态，以及以乐观、豁达的态度面对挫折和失败的精神； 2. 培养学生能运用所学课程知识和方法分析和解决问题的能力。
知识目标	1. 掌握内分泌系统的组成； 2. 熟悉垂体、甲状腺、肾上腺、胰岛的位置、形态、分泌的主要激素及生理功能； 3. 了解内分泌系统的功能。
能力目标	1. 分析“满月脸”和“水牛背”的原因； 2. 区分侏儒症和呆小症。

任务一　认识内分泌系统的组成和功能

一、学习情景

患者，男，60 岁。近 2 个月来自觉口干、多饮、多尿，伴全身乏力。查体：体温 36.3 ℃，脉搏 98 次 /min，呼吸 20 次 /min，血压 102/62 mmHg。辅助检查：空腹血糖 10.2 mmol/L，尿糖阳性。诊断为“2 型糖尿病”。入院完善相关检查后，予胰岛素治疗。与本病有关的内分泌腺是什么？为什么给予患者胰岛素治疗？

二、学习目标

1. 认识内分泌系统的组成；
2. 总结内分泌系统的功能。

三、任务实施

认识内分泌系统的组成和功能。

内分泌系统的组成

子任务1：描述内分泌系统的组成。

引导问题1：内分泌系统由________组成。内分泌腺又称________，腺细胞多排列成团索或网状，周围有丰富的毛细血管和毛细淋巴管，其分泌物称________，直接进入血液或淋巴，经循环系统输送至全身，作用于特定的器官或细胞（称为靶器官或靶细胞），影响其活动。

引导问题2：列出内分泌器官和内分泌组织。

内分泌器官	内分泌组织

内分泌系统的功能

子任务2：总结内分泌系统的功能。

引导问题：概括内分泌系统在机体中的作用。

____

____

进阶任务

查阅资料，简述1型糖尿病与2型糖尿病的区别。

____

____

四、知识检测

检测试题　　参考答案

任务二　认识主要的内分泌器官

一、学习情景

患者，女，20岁。因最近1个月脾气急躁，怕热、多汗、多食、失眠去医院就诊。

查体：甲状腺Ⅰ度肿大，两手微抖，眼球有轻度突出，心率 90 次 /min。实验室检查：T_3 6.5 mmol/L，T_4 26.3 mmol/L，均高于正常水平。该患者最有可能的诊断是什么？该种疾病主要与哪个器官有关？

二、学习目标

1. 认识垂体的位置、形态、分部和分泌的主要激素；
2. 认识甲状腺的位置、形态、分泌的主要激素及生理功能；
3. 认识肾上腺的位置、形态、分泌的主要激素及生理功能；
4. 认识胰岛的位置、形态、分泌的主要激素及生理功能。

三、任务实施

认识主要的内分泌器官。

子任务 1：认识垂体的位置、形态、分部和分泌的主要激素。

垂体

引导问题 1：______是机体最重要的内分泌腺，位于颅中窝、蝶骨体上面的__________内，借漏斗与下丘脑相连，可分为________和________两部分。

引导问题 2：列出腺垂体和神经垂体分泌的激素。

类别	分泌的激素
腺垂体	
神经垂体	

子任务 2：认识甲状腺的位置、形态、分泌的主要激素及生理功能。

甲状腺

引导问题 1：甲状腺呈“________”形，质地柔软，由左、右两侧叶和中间连接两叶的甲状腺峡组成。甲状腺借结缔组织和韧带固定于喉和气管软骨上，吞咽时可随喉上、下移动，肿大时可在体表触及。

引导问题 2：简述甲状腺分泌的激素及其生理功能。

____

____

进阶任务

查阅资料，简述侏儒症和呆小症的区别。

____

____

子任务 3：认识肾上腺的位置、形态、分泌的主要激素及生理功能。

肾上腺

引导问题 1：肾上腺位于肾的________，左、右各一，左肾上腺呈半月形，______呈三角形或椭圆形。肾上腺实质由________和________构成。

引导问题 2：列出肾上腺分泌的激素。

肾上腺

进阶任务

简述“满月脸”和“水牛背”形成的原因。

引导问题 3：简述糖皮质激素的功能。

胰岛

子任务 4：认识胰岛的位置、形态、分泌的主要激素及生理功能。

引导问题 1：胰岛为胰腺的________，散在分布于外分泌腺泡之间，为小岛状的内分泌细胞团。

引导问题 2：列出胰岛分泌的主要激素。

胰岛

引导问题 3：简述胰岛分泌的激素的生理功能。

进阶任务

查阅资料，结合所学知识简述甲状腺功能亢进和甲状腺功能减退的区别。

四、知识检测

检测试题　　参考答案

项目十二
感受器

感觉器官由感受器及其附属器构成。感受器是机体接受内、外界环境各种刺激的组织结构。感受器接受刺激后，把刺激转变为神经冲动，该冲动经感觉神经传入中枢神经系统，到达大脑皮质，产生相应的感觉。

感受器分布广泛，种类繁多，分为一般感受器和特殊感受器。一般感受器结构简单，如皮肤内的痛觉、温度觉、触觉和压力觉感受器；特殊感受器具有特殊的感觉细胞和复杂的附属器，专门感受特定刺激，如视觉、听觉、味觉和嗅觉等感受器。本项目只讨论视器、前庭窝器和皮肤。

学习目标

学生通过学习达成以下目标：

素质目标	1. 培养良好的职业道德； 2. 具有科学、严谨、务实的工作态度； 3. 开拓视野，培养探索和解决问题的能力； 4. 具备一定的发现和提出问题的能力。
知识目标	1. 掌握视器、前庭蜗的位置和结构，叙述皮肤的组成； 2. 了解感受器的生理功能； 3. 熟悉折光系统的结构特点及临床意义； 4. 掌握中耳结构特点及临床意义。
能力目标	1. 能明确指出视器、前庭蜗的位置和结构； 2. 能简要概括折光异常的原理和内耳耳蜗的功能，阐述声波传入内耳的途径； 3. 能归纳内耳耳蜗的感音换能作用的知识，说明噪声的危害； 4. 能运用感受器的相关知识，进行爱眼、爱耳的科普宣教。

任务一　认识视器的形态结构

一、学习情景

患者，女，23 岁，自述 1 天前在户外游泳后出现左眼红肿伴瘙痒。今晨起床时出现左眼睁眼困难，上、下睑睫毛上附着大量黄色脓性分泌物。就诊后，初步诊断为“左眼结膜炎”。

二、学习目标

1. 描述眼球的结构、功能；

2. 识别眼球内容物及眼副器的组成。

三、任务实施

总结视器的位置、组成结构及其功能。

子任务 1：认识眼球的构成。

眼球的构成

引导问题 1：绘制右眼球的水平切面基本结构示意图，并标注角膜、眼前房、眼后房。

绘制区域

引导问题 2：眼球借________与________相连，后部借视神经连于间脑的视交叉。

子任务 2：认识眼球纤维膜的组织构成和功能。

眼球纤维膜的组织构成和功能

引导问题 1：眼球纤维膜可分为________和________两部分；眼球纤维膜由坚韧的__________组织构成，具有保护眼球内容物和维持眼球形状的作用。

引导问题 2：请完善表中的空白处。

眼球纤维膜	特点	功能
角膜		
巩膜		

子任务 3：认识眼球血管膜由前向后的组成部分。

眼球血管膜的组成部分

引导问题 1：按眼球血管膜由前向后的顺序完成框图。

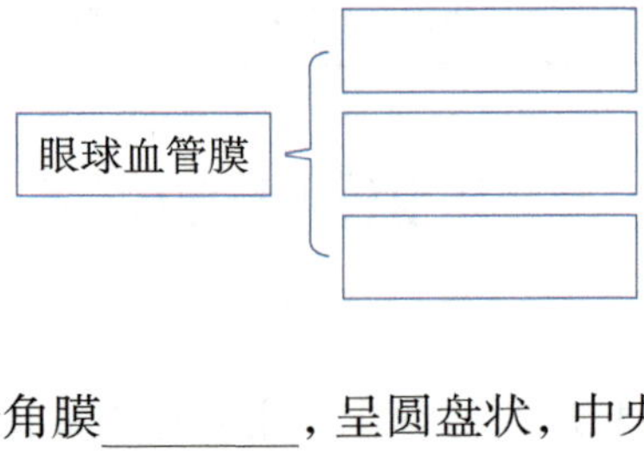

引导问题 2：虹膜位于角膜________，呈圆盘状，中央有一圆孔，称__________，是光线进入眼球的__________通道。

引导问题 3：睫状体内有平滑肌，称________，该肌的收缩与舒张由副交感神经支配，牵动睫状小带以调节________的曲度。

引导问题 4：脉络膜富含色素细胞和血管，具有____________眼球和吸收眼内散射光线的作用。

子任务 4：认识视网膜的组成部分。

引导问题 1：视网膜位于眼球血管膜的内面。其中，贴于脉络膜内面的有感光作用，称________；贴在虹膜和睫状体内面的无感光作用，称________。

引导问题 2：在视神经盘的颞侧约 3.5 mm 处，有一黄色区域，称黄斑。黄斑中央凹陷，称________，是感光、辨色最敏锐的地方。

引导问题 3：根据视网膜两层之间有一潜在性的间隙，描述发生视网膜脱离的原因。

____

____

视网膜的组成部分

子任务 5：认识眼球的内容物组成。

引导问题 1：请描述眼球内容物的组成。

____

____

眼球的内容物

引导问题 2：完成房水循环途径。

引导问题 3：晶状体位于______和______之间，是眼球屈光系统中主要的调节结构。

子任务 6：认识眼的辅助装置。

引导问题 1：眼副器具有______、________和支持______的作用。

引导问题 2：请描述眼副器的组成。

____

____

眼的辅助装置

引导问题 3：请根据眼结膜所在的位置将其分为 3 部分。

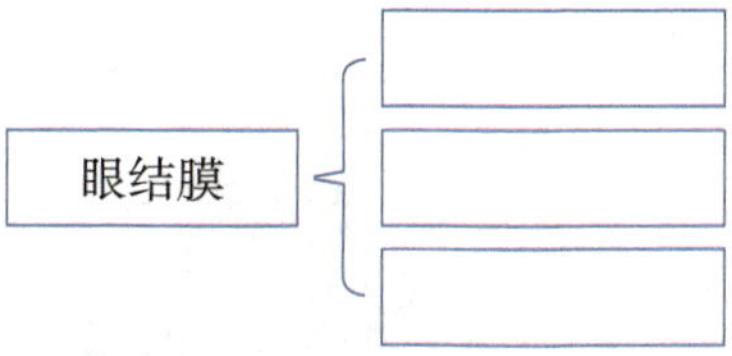

子任务 7：认识眼的供血系统。

引导问题 1：眼的血液供应来自__________。

引导问题 2：眼动脉是颈内动脉在颅内的分支，经视神经管入眶，分支分布于______、______、泪器及________等处。

眼的供血系统

进阶任务

结合晶状体自身特点，解释老花眼的形成原因。

____

____

四、知识检测

检测试题　　参考答案

任务二　认识前庭蜗器的形态结构

一、学习情景

赵某，男，53 岁，操作工人。既往体检，无特异性病史，无输血史，无高血压、糖尿病史。主诉：反复左耳疼痛 2 天，伴有脓性分泌物。来院就诊，初步诊断为“中耳炎”，予以抗炎 + 耳部清洗上药 1 周。1 周后左耳疼痛明显缓解，无脓性分泌物。

二、学习目标

1. 描述外耳的形态；
2. 阐述中耳的主要构成；
3. 阐述内耳的主要结构。

三、任务实施

阐述前庭蜗器的主要结构。

子任务 1：认识外耳的结构组成。

外耳的结构

引导问题 1：在图 12-2-1 中，对耳郭、外耳道和鼓膜进行标记。

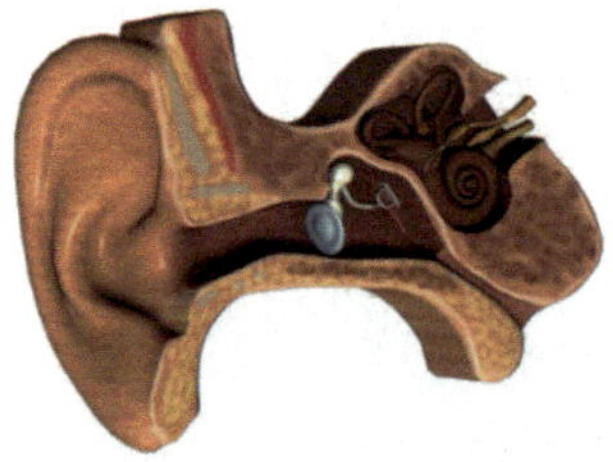

图 12-2-1　前庭蜗器模式图

引导问题 2：耳郭的上方大部分以________骨为支架，外覆皮肤，皮下组织少；下方为________，无________，仅含结缔组织和脂肪，为临床常用采血的部位。

引导问题 3：中医学认为耳郭上有许多穴位，分别代表着人体不同________和脏器。

引导问题 4：耳屏与对耳屏之间有一凹陷，称为________。对耳屏的下方为耳垂。耳郭的外部形态为____________的标志。

引导问题 5：根据鼓膜特点，描述鼓膜异常时光锥的变化。

____

____

引导问题 6：根据鼓膜的结构特点，其在患________时或________作用下易发生穿孔。

子任务 2：认识中耳的结构组成。

中耳的结构

引导问题 1：写出中耳的结构组成。

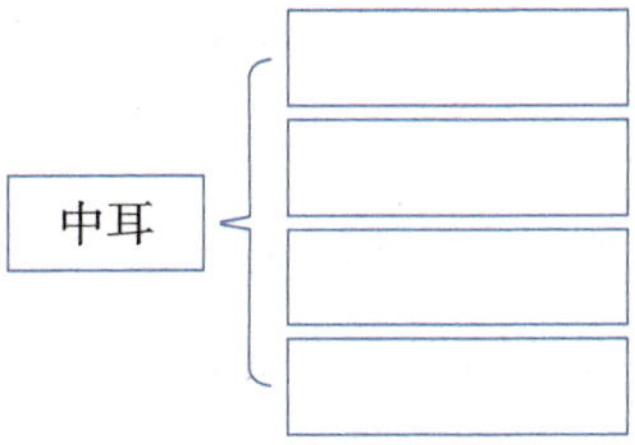

引导问题 2：鼓室内的 3 块听小骨由外向内依次为______、______和______，3 块听小骨经关节连结形成______。

引导问题 3：请绘制听小骨并标出锤骨、砧骨和镫骨。

绘制区域

引导问题 4：请简单描述幼儿的咽部感染引起中耳炎的原因。

____

____

子任务 3：认识内耳的结构组成。

内耳的结构

引导问题 1：内耳位于颞骨岩部骨质内，在____与____之间，是前庭蜗器______________的主要部分。

引导问题 2：内耳由构造复杂的管腔组成，故又称迷路，分为________和________两部分。

进阶任务

根据耳的结构及其声波的传导途径，进行健康用耳的科普知识宣教。

____

____

四、知识检测

检测试题　　参考答案

任务三　认识皮肤的结构

一、学习情景

张大爷，92 岁，因“右股骨骨折、陈旧性脑梗”入院。入院时极为消瘦，神志模糊，骶尾部见直径约 12 cm 皮下硬结伴有水疱，疼痛感明显。

请思考：张大爷的皮肤损伤到哪一层？

二、学习目标

1. 描述皮肤组成；
2. 阐述皮肤的细微结构；
3. 说出皮肤的附属器。

三、任务实施

阐述皮肤的组成及细微结构，说出皮肤的附属器。

子任务 1：认识皮肤的细微结构。

皮肤的微细结构

引导问题 1：人体面积最大的器官是__________，由__________、__________、__________皮下组织和__________组成。

引导问题 2：表皮由内向外分五层。

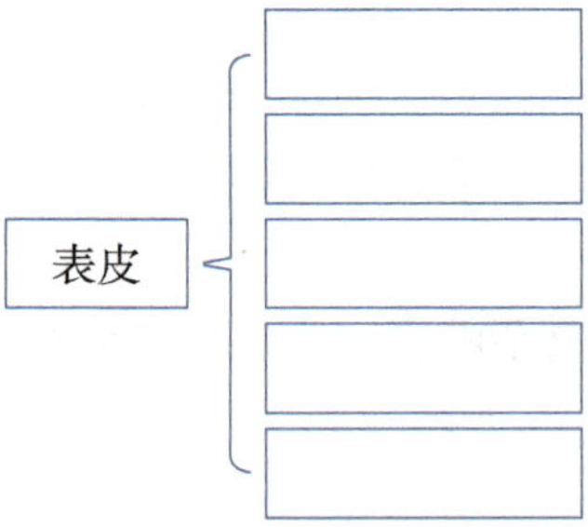

引导问题 3：真皮在表皮深面，主要由______构成。真皮厚度一般为 1～2 mm。真皮分为______和______，两层之间并无明显分界。

引导问题 4：根据所学的本节内容，判断临床药物过敏试验和卡介苗接种的注射部位是______；预防接种的部位是________。

引导问题 5：绘制手掌皮肤并标出表皮、真皮和皮下组织的位置。

绘制区域

子任务 2：认识皮肤的附属器。

引导问题 1：请描述皮肤附属器的组成。

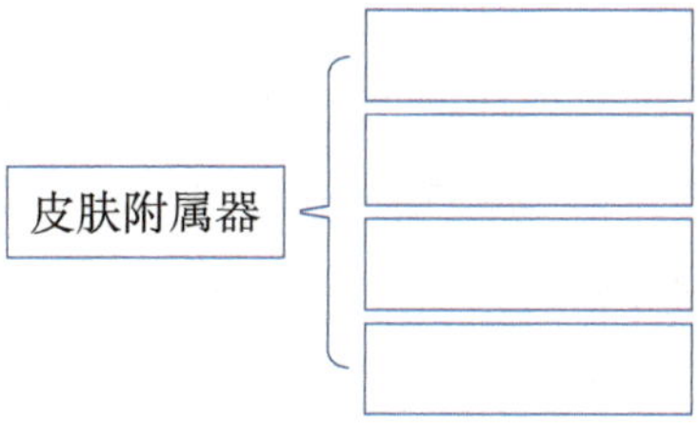

皮肤的附属器

引导问题 2：皮脂腺对皮肤和毛发具有______作用。

引导问题 3：汗腺分泌汗液，具有________和__________的作用。

引导问题 4：甲根深部附着的上皮称甲母基，是指甲的________，拔指甲时不能破坏。

进阶任务

结合皮肤组成及功能，描述烧伤患者按组织损伤的层次如何进行分度。

____

____

四、知识检测

检测试题　　参考答案

任务四　区别躯体感觉与内脏感觉

一、学习情景

患者，女，65 岁。乙肝病史 10 余年，最近 1 周常感觉上腹部疼痛可牵引右肩背部疼痛，以“腹痛待查”收入院。查体：腹肌紧张，腹部压痛及反跳痛。

二、学习目标

1. 根据躯体感觉的分类，能正确阐述浅感觉、深感觉的感觉传导功能；
2. 理解内脏感觉的概念，能正确阐述内脏痛与牵涉痛的区别及其临床意义。

三、任务实施

阐述浅感觉、深感觉的传导功能，归纳内脏感觉的临床意义。

躯体感觉

子任务 1：认识躯体感觉。

引导问题 1：请根据躯体感觉的分类，完成下列思维导图。

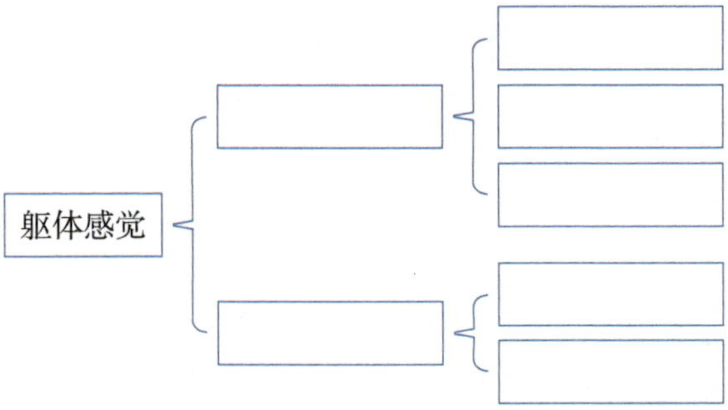

引导问题 2：请根据温度觉的内容，完善下列内容。

区别	皮肤外界温度	温度觉变化
热觉	30～46 ℃	
热觉	超过 46 ℃	
冷觉	低于 30 ℃	

引导问题 3：本体感觉是指来自躯体______的组织结构如肌肉、肌腱和关节等，对躯体的空间位置、姿势、运动状态和运动方向的感觉。

引导问题 4：请根据疼痛表现，完善下列内容。

痛觉信息的传导	疼痛的持续时间	疼痛特点	情绪改变
快痛		发生快，消失也快	
慢痛	定位不明确的“烧灼痛”		伴有明显不愉快情绪

内脏感觉

子任务 2：认识内脏感觉。

引导问题 1：内脏感觉主要是痛觉，以两种形式存在。

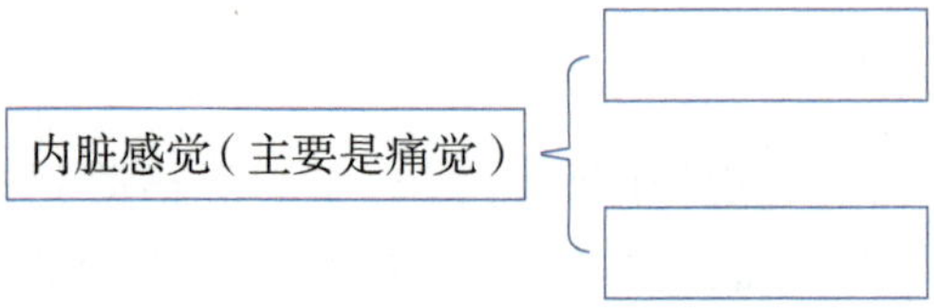

引导问题 2：概括内脏痛具有的特点。

引导问题 3：请阐述牵涉痛的原理，举出 2～3 项内脏疾病导致的牵涉痛。

进阶任务

结合躯体感觉和内脏感觉的特点，将疼痛进行分级。

四、知识检测

检测试题　　参考答案

任务五　分析视觉的形成过程

一、学习情景

李某，女，4 岁 8 个月。2008 年 3 月 1 日出生，2012 年 12 月 11 日首诊。以“眼睛痒感 3 天”就诊。足月顺产，父母均为正视。眼科检查：视力，右、左眼均为 0.8，双眼 1.0；儿童视力，右、左眼均为 1.0，双眼 1.2。验光：睫状肌麻痹前，右眼 +0.25 D，左眼 +0.0 D；0.5% 托吡卡胺点双眼，5 分钟 1 次，共 6 次后，右眼 +0.5 D，左眼 +0.25 D。眼位：正，各方向运动正常；交替遮盖、遮盖-去遮盖眼球无转动。眼压：右眼 17 mmHg，左眼 15 mmHg。身高 112 cm，体重 21.5 kg。外眼检查：下睑结膜大量透明小滤泡。眼底检查：正常。

二、学习目标

1. 解释眼的折光系统及其调节机制；
2. 归纳眼的折光异常情况，并能正确进行视力、视野检查。

三、任务实施

归纳眼的折光系统及调节，说出眼的折光异常情况，并能正确进行视力、视野检查。

眼的折光系统

子任务1：认识眼的折光系统。

引导问题1：根据眼的折光系统，完善下列内容。

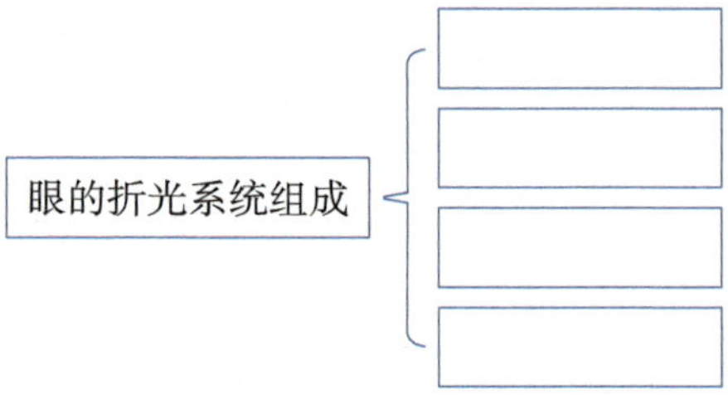

引导问题2：视近物时眼的调节主要是通过改变________的折光力来实现的，______的调节和两眼球会聚也有重要作用。

引导问题3：根据视物的远近、光线强弱，判断瞳孔的大小。

距离	瞳孔变化	光线变化	瞳孔变化	意义
视近物时		强		减少进入瞳孔的光量，保护视网膜
视远物时		弱		

引导问题4：临床上常将__________作为麻醉深度及病情危重程度的重要指标。

眼的调节系统

子任务2：认识眼的调节系统。

引导问题1：晶状体调节的能力主要取决于______________，晶状体的弹性随年龄的增加而降低。

引导问题2：眼的折光异常或屈光不正，包括______、______和散光。

引导问题3：根据眼的折光异常情况，总结近视眼、远视眼分别选用哪种镜片进行矫正。

____

____

进阶任务

结合晶状体调节特点，指导学生健康用眼。

____

____

四、知识检测

检测试题　　参考答案

任务六　分析听觉的形成过程

一、学习情景

听觉是物体振动激起声波对耳朵及听觉系统进行刺激产生的，听觉器官由外耳、中耳和内耳的耳蜗组成。人类通过听觉可以听见万物的声音，听到好听的声音会使我们的心情变得愉悦。

二、学习目标

1. 描述外耳的功能；
2. 描述中耳的功能；
3. 阐述内耳耳蜗的功能；
4. 总结声波传入内耳的途径。

三、任务实施

根据耳的功能，归纳声波传入内耳的途径。

子任务 1：认识外、中耳组成结构的功能。

引导问题 1：根据外、中耳组成结构的功能，完成下列内容。

外、中耳组成结构的功能

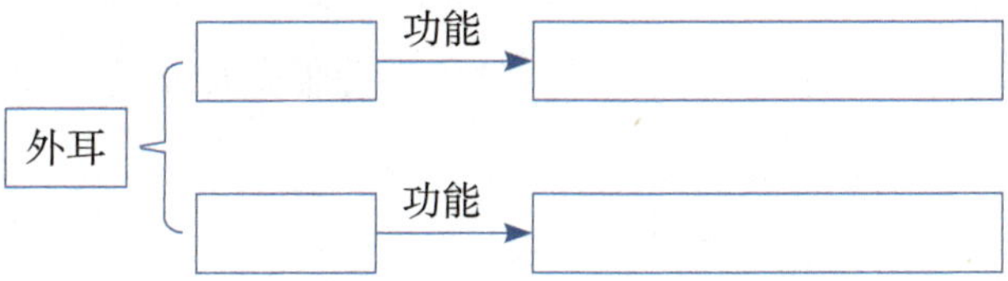

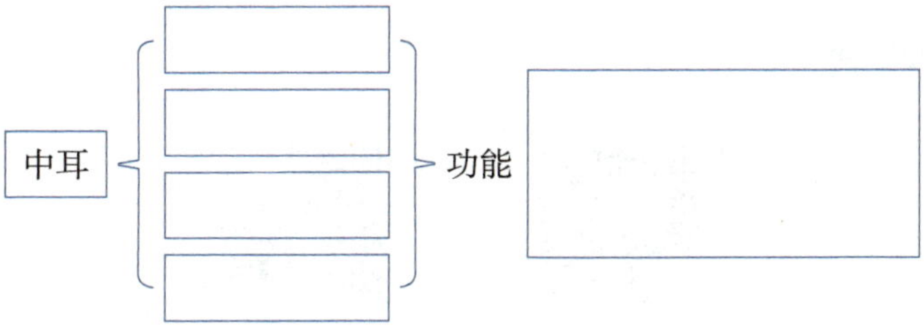

引导问题 2：根据咽鼓管的组成，完成下列内容。

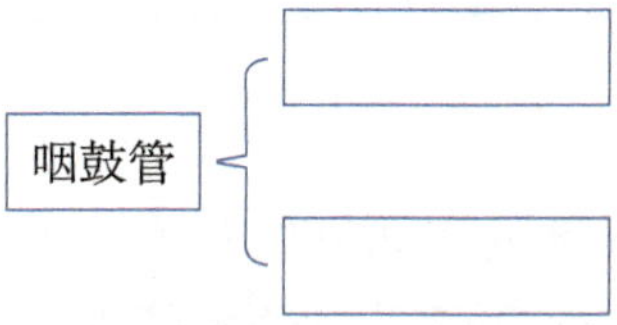

引导问题 3：根据咽鼓管与鼓室、鼻咽部管道的关系，分析人们乘坐飞机或潜水

时鼓膜内陷，同时出现疼痛，严重时造成鼓膜破裂的原因。

____

____

子任务 2：认识声波传入内耳的途径。

引导问题 1：声波通过__________和__________两条途径传入内耳。

引导问题 2：根据声波的传导途径，完成下列内容。

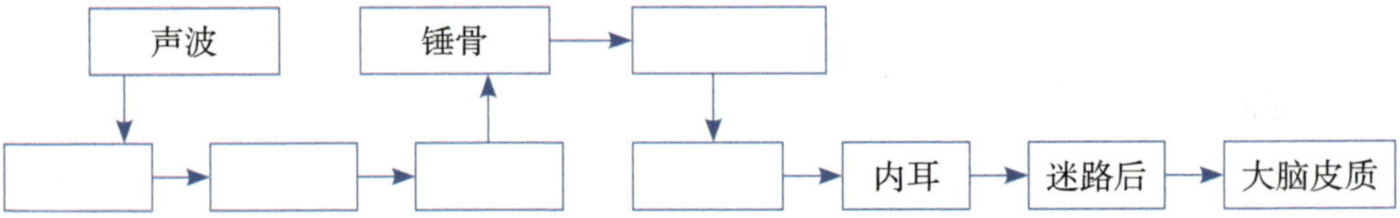

声波传入内耳的途径

子任务 3：认识内耳耳蜗的功能。

引导问题 1：内耳又称迷路，分为__________和__________。

引导问题 2：请阐述耳蜗的主要功能和结构特点。

____

____

引导问题 3：长期噪声刺激对__________是一种缓慢损害，导致听力下降。

内耳耳蜗的功能

进阶任务

结合听觉特点，举出一个常见的不良生活习惯造成听力下降的例子。

____

____

四、知识检测

检测试题　　参考答案

任务七　概括平衡感觉的形成

一、学习情景

人体的平衡感觉主要与头部的空间方位有关。头部的空间方位在很大程度上取决于前庭感受器的传入信息，前庭感受过分敏感的人，即使受到一般的前庭刺激也会发生自主神经反应。晕船反应就是由于船身上下颠簸及左右摇摆使上、后半规管的感受器受到过度刺激而造成的。

二、学习目标

1. 描述前庭器官的组成；
2. 总结前庭器官、椭圆囊和球囊的功能；
3. 阐述半规管的功能。

三、任务实施

根据前庭器官的功能，总结半规管在正常人体姿势和身体平衡方面的生理意义。

子任务1：认识前庭器官的组成。

引导问题1：根据前庭器官的组成，完成下列内容。

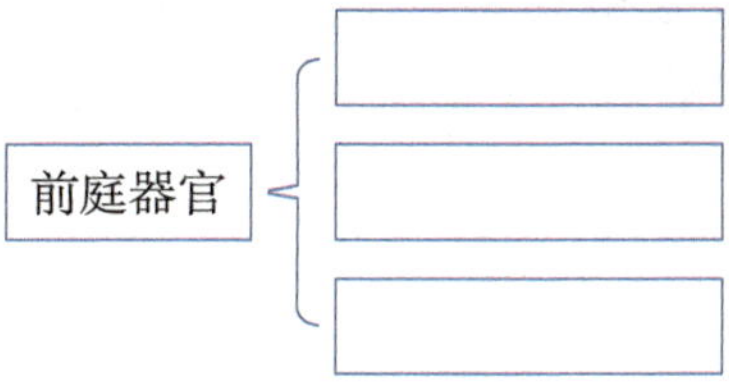

前庭器官组成

子任务2：归纳半规管、椭圆囊和球囊的功能。

引导问题1：半规管包括上、外、后三个。每个半规管与椭圆囊的相连处都有一个膨大的部位，称为__________，其内有一隆起的结构，称为__________。

引导问题2：归纳半规管、椭圆囊和球囊的功能。

结构	功能
半规管	
椭圆囊	
球囊	

半规管、椭圆囊和球囊的功能

进阶任务

根据半规管的功能，当半规管出现病变时，是否使人的运动感觉发生变化？

____

____

四、知识检测

检测试题

参考答案

项目十三 物质和能量代谢

人类要生存，需要不断与外界环境进行物质和能量交换，以实现自我更新，这是机体一切生命活动实现的基础。每个生命都需要不断从食物中摄取营养物质，如糖类、脂类、蛋白质、水、无机盐和维生素等，用来合成自身的物质或储存能量；同时不断分解自身物质，释放能量维持生命活动。物质代谢和能量代谢相伴协同，共同维持着生命活动的延续。

学习目标

学生通过学习达成以下目标：

素质目标	1. 养成合理膳食、均衡营养的良好饮食习惯； 2. 具有总结概括、分析临床问题的能力。
知识目标	1. 识记血糖、血脂、体温、能量代谢、基础代谢和基础代谢率的概念以及蛋白质变性的含义； 2. 描述血脂的成分、糖类的分类、空腹血糖正常值，脂类的组成、分布及生理功能，蛋白质的构成元素和生理功能，体温的主要测量部位及其正常值； 3. 列举生理情况下，可影响体温变动的因素； 4. 判断氮平衡的类型并分析其临床意义； 5. 比较必需氨基酸和非必需氨基酸、各类血浆脂蛋白的合成部位及生理功能； 6. 分析各条糖代谢途径的生理意义和酮体生成的生理意义； 7. 总结糖代谢、脂肪分解代谢、能量代谢、体温调节的过程以及机体产热、散热的器官和主要方式； 8. 归纳血糖、胆固醇、氨基酸的来源和去路以及能量代谢的影响因素。
能力目标	1. 运用糖代谢的知识，分析临床血糖异常的原因和处理办法； 2. 运用脂肪代谢的知识，分析临床酮症酸中毒的原因； 3. 运用体温调节的知识，分析临床体温升高的原因和处理办法。

任务一　解析糖代谢的过程

一、学习情景

患者，男，57 岁。近 3 个月无明显诱因出现口渴、多饮、多食、多尿的症状，伴体重逐渐下降，近 3 个月体重减轻了 4 kg。实验室检查示：空腹血糖 10 mmol/L，尿糖（++）。诊断为糖尿病。

请问：该患者为什么会出现血糖升高？如何帮助患者降低血糖？

二、学习目标

1. 识记血糖的概念；
2. 描述糖类的分类、空腹血糖正常值；
3. 分析各条糖代谢途径的生理意义；
4. 归纳总结血糖的来源和去路。

三、任务实施

解析糖代谢的过程。

子任务 1：认识糖类和血糖。

糖类的分类、糖类的生理功能及血糖的概念

引导问题 1：糖类又称________。请将下列关于糖类分类的内容补充完整。

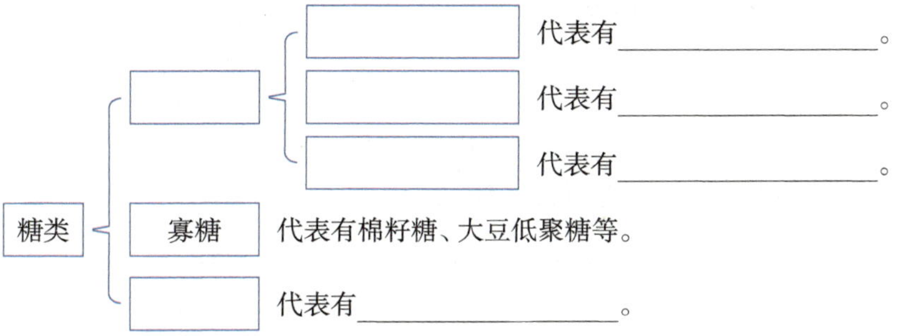

引导问题 2：食物中的糖主要来自________，该物质被消化后，以________的形式吸收入血。

引导问题 3：血糖是指血液中的________。正常情况下，成人空腹血糖浓度为________。

子任务 2：解析糖分解代谢的过程。

糖的分解途径

引导问题 1：糖的分解代谢包括________、有氧氧化和________途径。

引导问题 2：请比较糖的 3 种分解途径。

糖的分解途径	发生条件	生成产物	生理意义	特点
有氧氧化				

引导问题 3：请将下列关于糖有氧氧化反应的过程填写完整。

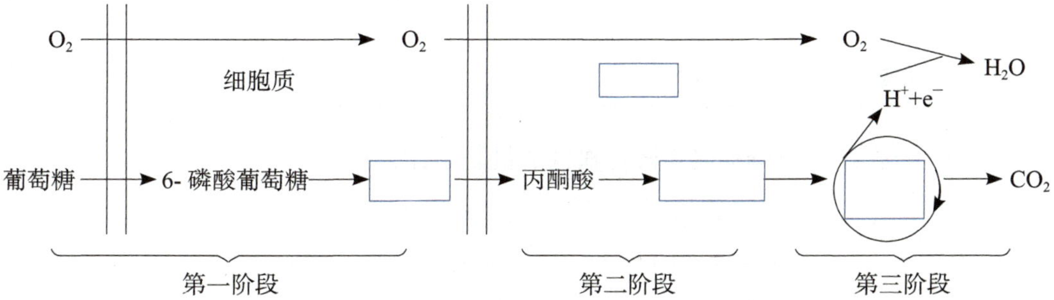

引导问题 4：________________是体内三大营养物质彻底氧化分解的共同途径。

糖原的合成和分解

子任务 3：描述糖原的合成和分解。

引导问题 1：动物体内糖的储存形式是________。它主要存在于__________和__________。

引导问题 2：糖原合成指由________合成糖原的过程。

引导问题 3：糖原分解指____糖原分解为________的过程。

引导问题 4：请将下列关于糖原合成和分解的内容补充完整。

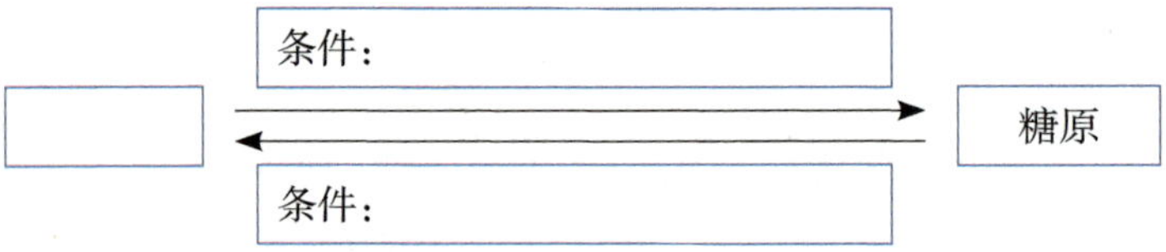

糖异生及其生理意义

子任务 4：认识糖异生。

引导问题 1：糖异生是指________物质转变为__________或__________的过程。

引导问题 2：糖异生的生理意义是什么？

____

____

血糖的来源和去路

子任务 5：分析血糖的来源和去路。

引导问题 1：请填写血糖主要的来源和去路。

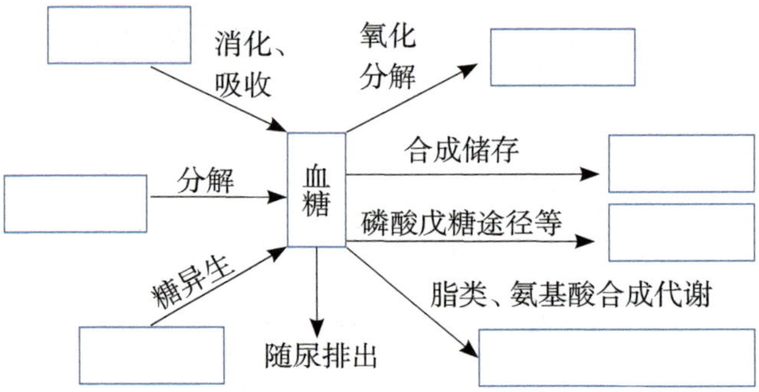

引导问题 2：血糖最主要的来源是________________，血糖最主要的去路是______________。

引导问题 3：请列出人体内可降低或升高血糖的激素。

降糖激素	
升糖激素	

引导问题 4：上述降糖激素降低血糖的机制是什么？

____

____

子任务 6：总结糖代谢的过程。

引导问题：将下列关于糖代谢的内容补充完整。

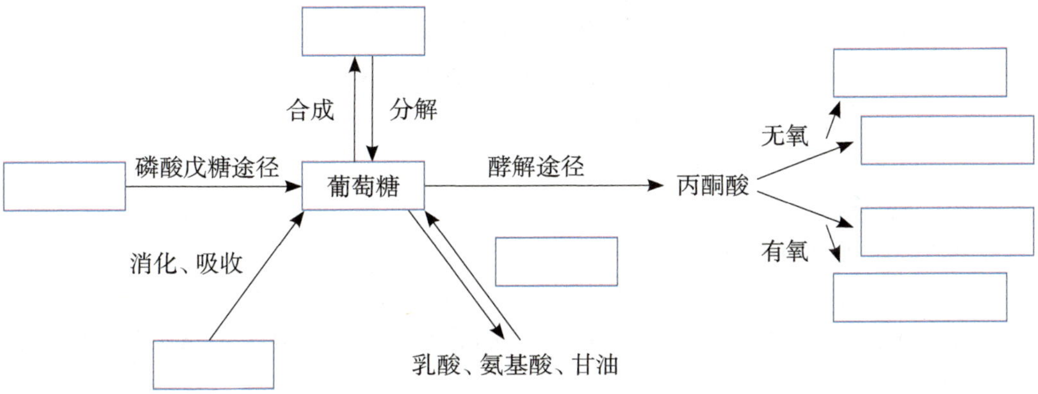

进阶任务

哪些因素会引起血糖升高？如何帮助案例中患者降低血糖？

四、知识检测

检测试题　　参考答案

任务二　解析脂类代谢和血脂

一、学习情景

患者，男，58 岁。近 5 年常于活动后或情绪激动时出现心悸、胸闷，休息后可缓解。1 小时前患者劳累后再次出现上述症状，程度较以往加重，伴心前区疼痛，放射至左手臂及后背部。实验室检查示：血清甘油三酯（TG）、总胆固醇（TC）、低密度脂蛋白胆固醇（LDL-C）明显升高，高密度脂蛋白胆固醇（HDL-C）降低。TG 3.6 mmol/L，TC 6.5 mmol/L，LDL-C 4.8 mmol/L，HDL-C 0.9 mmol/L。肝肾功能、心电图、颅脑磁共振均未见明显异常。初步诊断为：冠状动脉粥样硬化性心脏病。

请问：实验室检查提示该患者物质代谢存在哪些异常？这些异常与动脉粥样硬化有什么关系？

二、学习目标

1. 识记血脂的概念；
2. 描述脂质的组成、分布和生理功能以及血脂的成分；
3. 比较各类血浆脂蛋白的合成部位及生理功能；
4. 总结脂肪分解代谢的过程，分析酮体生成的生理意义；
5. 归纳胆固醇的来源和去路。

三、任务实施

解析脂质代谢和血脂。

子任务 1：认识脂质。

脂质的概念及分类

引导问题 1：脂质是________和______的总称。请将下列关于脂质分类的内容补充完整。

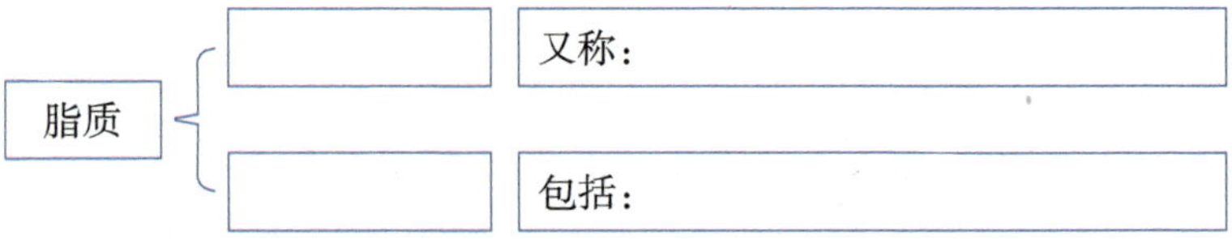

脂质的分布

引导问题 2：请将脂质与其正确的分布范围进行连线。

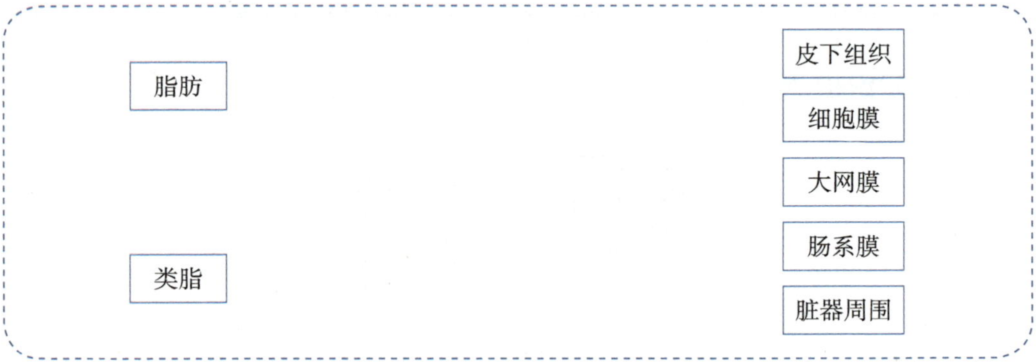

脂质的生理功能

引导问题 3：请将脂质的生理功能补充完整。

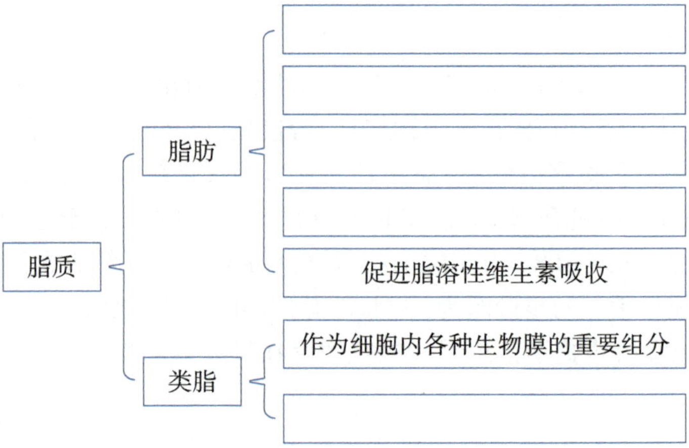

子任务 2：辨别血脂和血浆脂蛋白。

引导问题 1：血脂指的是______________，包括__________、__________、__________、胆固醇酯和游离脂肪酸。

引导问题 2：血浆脂蛋白指脂类和______的复合物，是血脂的__________，主要由__________、__________、__________、胆固醇酯和凝脂构成。

引导问题 3：血浆脂蛋白采用超速离心法，可分为 4 类。请比较这 4 类血浆脂蛋白的合成部位和功能。

血脂

血浆脂蛋白	英文缩写	合成部位	功能
乳糜颗粒			

子任务 3：分析脂肪代谢。

引导问题 1：请将下列脂肪代谢的相关内容补充完整。

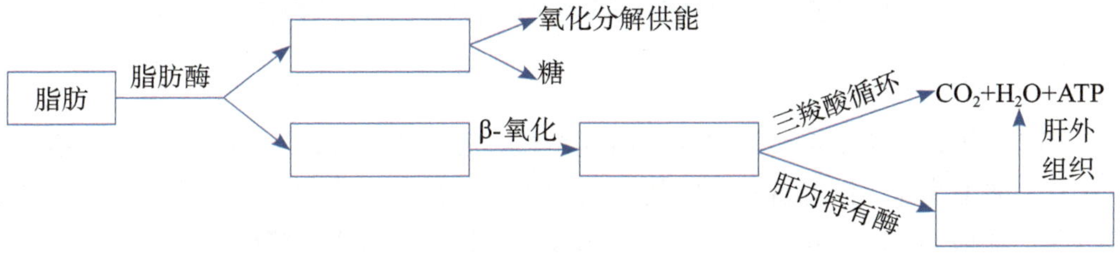

脂肪代谢的过程

引导问题 2：脂肪酸在肝内分解会生成一类特有的中间代谢产物——β-羟丁酸、乙酰乙酸和丙酮，三者统称__________。

引导问题 3：酮体代谢的特点是__________合成，__________利用。

引导问题 4：酮体生成的生理意义是什么？

____

____

子任务 4：分析胆固醇代谢。

引导问题 1：请将下列胆固醇代谢的相关内容补充完整。

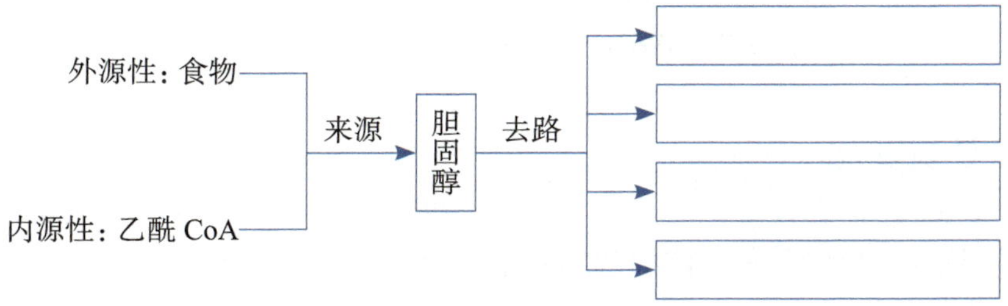

引导问题 2：合成胆固醇的主要器官是__________。

进阶任务

血脂的正常值是 TG 0.56~1.7 mmol/L，TC 2.8~5.7 mmol/L，LDL-C 2.07~3.37 mmol/L，HDL-C 1.16~1.55 mmol/L。请根据上述标准判断案例中患者的血脂有哪些异常？这些异常指标与动脉粥样硬化有什么关系？

四、知识检测

检测试题　　参考答案

任务三　解析氨基酸和蛋白质代谢

一、学习情景

患者，男，55 岁。4 天前进食后出现黑便，每天 2 次。1 天前出现多言多语、躁动不安、神志恍惚。该患者有肝硬化病史 11 年，曾因腹水多次住院治疗。查体：体温 36.5 ℃，脉搏 60 次 /min，血压 90/60 mmHg。慢性肝病面容，嗜睡，答非所问，理解力、计算力减退，定向力差，腹壁可见静脉曲张，脾在肋下 2 cm，扑翼样震颤（+）。辅助检查：血氨 108 μmol/L（血氨正常值：18~72 μmol/L）。入院诊断为“肝性脑病”。

请问：该患者为什么会出现躁动不安、神志恍惚、答非所问等症状？

二、学习目标

1. 描述蛋白质的构成元素和生理功能；
2. 识记蛋白质变性的含义；
3. 判断氮平衡的类型并分析其临床意义；
4. 比较必需氨基酸和非必需氨基酸；
5. 归纳氨基酸的来源和去路。

三、任务实施

子任务 1：认识蛋白质。

引导问题 1：蛋白质是人体细胞的基本组成成分之一，由__________构成的一类生物大分子。

引导问题 2：蛋白质具有哪些重要的生理功能？

蛋白质的组成

蛋白质的生理功能 ——
- ____________
- ____________
- ____________

蛋白质的生理功能

引导问题 3：构成蛋白质的基本元素主要有________、氢、________、氮和硫。由于各种蛋白质的含氮量都较恒定，平均为______%，故测定生物体含氮量可推算出蛋白质大致含量，氮平衡可反映体内蛋白质的代谢概况。氮平衡是指每日氮的____________和__________之间的关系。

请分析氮平衡的类型及临床意义。

关系	类型	临床意义
摄入氮 = 排出氮	总平衡	见于正常成人
摄入氮>排出氮		
摄入氮<排出氮		

氮平衡

进阶任务

临床上胰岛素等蛋白质类药物或疫苗为什么要求放入冰箱保存？

____

____

引导问题 4：在某些物理或化学因素作用下，蛋白质的空间结构受到破坏，导致其理化性质改变、生物活性丧失，称为____________。造成该情况的主要因素有__________、__________、________、乙醇等有机溶剂，重金属离子及生物碱试剂等。

子任务 2：认识氨基酸。

引导问题 1：氨基酸是组成____________的基本单位。氨基酸通过________相连构成的化合物称为肽。

引导问题 2：营养学将氨基酸分为必需氨基酸和非必需氨基酸。请分析它们的区别。

比较项目	必需氨基酸	非必需氨基酸
含义		体内可合成
种类		
组成		甘氨酸、丙氨酸、脯氨酸、丝氨酸、酪氨酸、半胱氨酸、天冬酰胺、谷氨酰胺、天冬氨酸、谷氨酸、精氨酸和组氨酸

引导问题 3：非必需氨基酸中__________和__________在体内合成量不多，长期缺乏可造成负氮平衡，所以为儿童成长必需氨基酸。

氨基酸代谢

子任务 3：分析氨基酸的来源和去路。

引导问题 1：下列是人体内氨基酸代谢的概况，请将它补充完整。

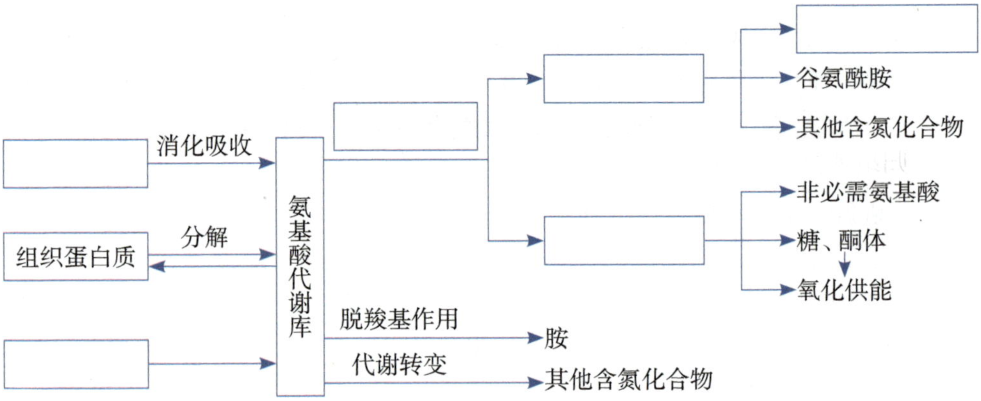

引导问题 2：体内的氨最主要的去路是在__________合成__________而解毒。对氨的毒性作用最敏感的是________组织。

进阶任务

案例中患者为什么会出现躁动不安、神志恍惚、答非所问等症状？如何对该患者进行饮食指导？

____

____

四、知识检测

检测试题　　参考答案

任务四　分析能量代谢的过程

一、学习情景

患者，女，48 岁。近 3 个月无明显诱因出现怕热、多汗、心慌、乏力，伴烦躁、情绪易激动、食欲增强，近 3 个月体重减轻了 5 kg。无胸闷、双下肢浮肿、口干、多饮、多尿等症状。大便次数增多，每天 2～3 次，成形，无腹痛、无黏液脓血便。小便如常，睡眠尚可。查体：体温 37 ℃，呼吸 20 次 /min，脉搏 107 次 /min，血压 150/70 mmHg，甲状腺Ⅱ度肿大。初步诊断为“甲状腺功能亢进”。

请问：该患者的基础代谢率是多少？为什么该患者基础代谢率高于同龄、同性别的健康人？

二、学习目标

1. 识记能量代谢、基础代谢和基础代谢率的概念；
2. 总结能量代谢的过程；
3. 归纳能量代谢的影响因素。

三、任务实施

分析能量代谢的过程及其影响因素。

子任务 1：分析能量代谢的过程。

引导问题 1：能量代谢是指体内物质代谢过程中伴随发生的能量______、______、______和______的过程。

引导问题 2：机体的能量主要来源于______、______和______分解，其中最主要的供能物质是______。

引导问题 3：体内直接的供能物质是________。机体的能量载体分子是______。

引导问题 4：请将下列关于能量代谢过程的相关内容补充完整。

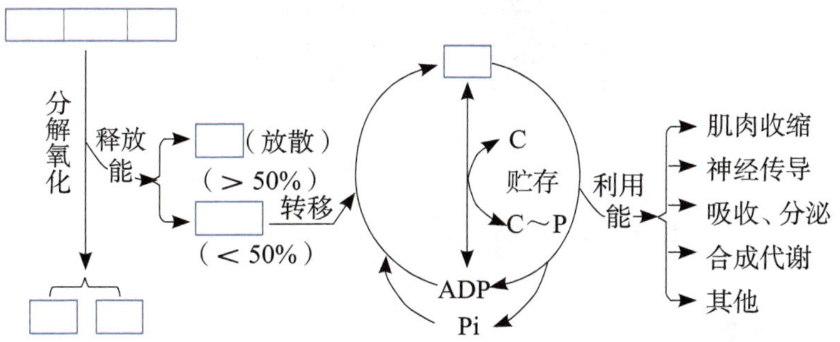

能量代谢

子任务 2：归纳能量代谢的影响因素。

引导问题 1：请归纳总结影响能量代谢的因素，并比较他们对能量代谢的影响。

影响因素	对能量代谢的影响

影响能量代谢的因素

引导问题 2：对能量代谢影响最为显著的因素是________。

引导问题 3：进食会引起机体额外增加产热量的现象，称为________________。三大营养物质中，进食______后，机体额外增加的热量最多；进食______后，机体额外增加的热量最少。

子任务 3：认识基础代谢和基础代谢率。

基础代谢、基础状态、基础代谢率

引导问题 1：基础状态指人体在________、________、禁食______小时以上、室温在____________时的状态。基础状态下的能量代谢，称为______________。

引导问题 2：基础状态下，单位时间内的基础代谢称为______________。

引导问题 3：当其他情况相同时，一般男性的基础代谢率平均值______女性；儿童的基础代谢率平均值______老年人。

进阶任务

请根据知识拓展中的公式，算一算案例中患者的基础代谢率是多少？为什么该患者基础代谢率高于同龄、同性别的健康人？

____

____

四、知识检测

检测试题　　参考答案

任务五　分析体温调节的过程

一、学习情景

张某，女，6 岁。2 天前受凉后出现发热、咳嗽，自测体温 39.7 ℃，无咳痰、腹痛、呕吐、呼吸困难、抽搐等症状。病后精神、饮食较差。查体：体温 39.9 ℃，脉搏 102 次 /min，呼吸 24 次 /min，血压 100/65 mmHg。咽充血，双侧扁桃体 Ⅱ 度肿大，双肺呼吸音轻，未闻及干、湿啰音。血常规示：中性粒细胞升高。入院诊断为“急性扁桃体炎”。

请问：该患者的体温为什么会升高？我们如何帮助该患者体温恢复正常值？

二、学习目标

1. 识记体温的概念；
2. 描述体温的主要测量部位及其正常值；
3. 列举生理情况下，可影响体温变动的因素；

4. 总结机体产热、散热的器官和主要方式，以及体温调节的过程。

三、任务实施

子任务 1：认识体温。

引导问题 1：体温指的是机体__________的平均温度。

引导问题 2：请写出体温的测量部位和正常值。

体温

体温	测量部位	正常值
肛温		
口温		
腋温		

引导问题 3：请列举 5 个可影响体温生理变动的因素。

引起体温生理性变动的因素

可引起体温生理变动的因素

子任务 2：比较产热活动和散热活动。

引导问题 1：比较分析产热活动和散热活动。

产热与散热

比较项目	主要器官	方式
产热活动		
散热活动		

引导问题 2：机体安静状态下，最主要的产热器官是__________。
机体劳动或运动时，最主要的产热器官是__________。

引导问题 3：比较 4 种散热方式。

机体散热的主要方式

散热方式	含义

引导问题4：请在左侧填入机体散热的主要方式，并将之与右侧生活或临床中的例子进行正确连线。

	乙醇或温水擦浴
	冰帽、冰袋等对高热患者进行物理降温
	为高热患者宽衣，把他们安置于通风良好的居室
	夏天，利用电风扇降温
	夏天，吃冰淇淋降温
	天气炎热时易出汗

体温调节的机制

子任务3：总结体温调节的过程。

引导问题1：请将下列体温调节的过程补充完整。

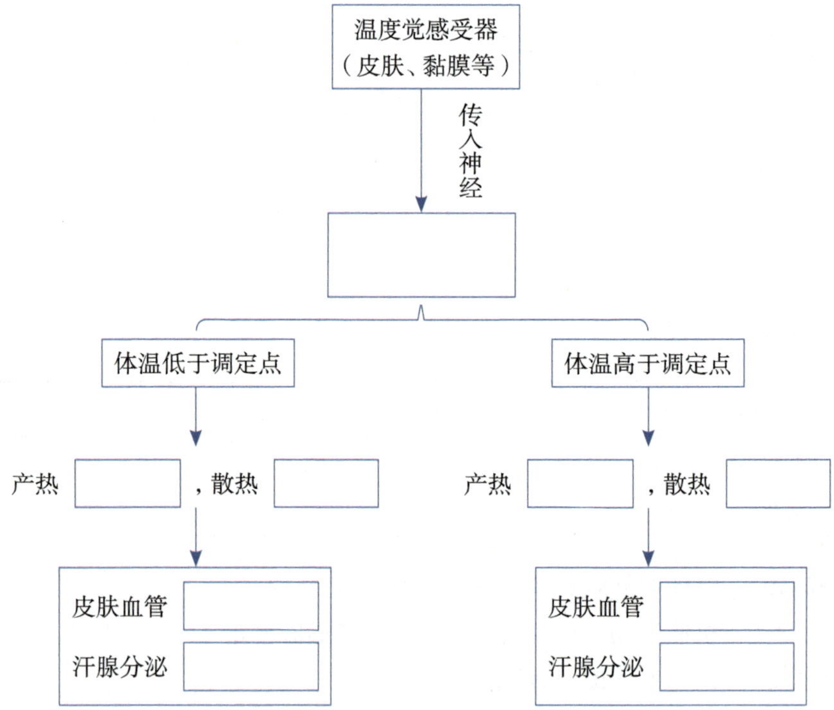

四、知识检测

检测试题　　参考答案

学习资源

书籍：张卫光．奈特人体解剖彩色图谱［M］．北京：人民卫生出版社，2019.

学习软件：医学维度解剖；3Dbody 解剖；中国大学慕课

微信公众号：小张的解剖生理学小课堂

网络资源：医维度解剖；中国解剖网；中国数字化可视人体网；中国生理学会

参考文献

[1] 李婷婷，江鹏. 人体形态与功能[M]. 北京：中国医药科技出版社，2018.

[2] 武煜明，李小山. 解剖生理学[M]. 北京：中国中医药出版社，2016.

[3] 牟兆新，申社林. 人体解剖学与组织胚胎学[M].2 版. 北京：高等教育出版社，2014.

[4] 高洪泉，乔跃兵. 正常人体结构[M].4 版. 北京：人民卫生出版社，2018.

[5] 彭波. 正常人体功能[M].4 版. 北京：人民卫生出版社，2018.